TAMBÉM POR HENRY A. KISSINGER

A World Restored: Metternich, Castlereagh and the Problems of Peace, 1812–22

Nuclear Weapons and Foreign Policy

The Necessity for Choice: Prospects of American Foreign Policy

White House Years

Years of Upheaval

Diplomacia

Years of Renewal

Does America Need a Foreign Policy? Toward a Diplomacy for the 21st Century

Ending the Vietnam War: A History of America's Involvement in and Extrication from the Vietnam War

Crisis: The Anatomy of Two Major Foreign Policy Crises

Sobre a China

Ordem Mundial

TAMBÉM POR ERIC SCHMIDT

O Coach de um Trilhão de Dólares: O Manual de Liderança do Vale do Silício

Como o Google Funciona

The New Digital Age: Transforming Nations, Businesses, and Our Lives

e nosso futuro como humanos

e nosso futuro como humanos

Eric Schmidt
Ex-CEO da **Google**

Daniel Huttenlocher
Vencedor do **Prêmio Nobel da Paz**

Henry A. Kissinger
Diretor do **MIT Schwarzman College of Computing**

ALTA BOOKS
GRUPO EDITORIAL
Rio de Janeiro, 2023

A Era da IA

ISBN: 978-85-508-1838-2

Impresso no Brasil — 1ª Edição, 2023 — Edição revisada conforme o Acordo Ortográfico da Língua Portuguesa de 2009.

Dados Internacionais de Catalogação na Publicação (CIP) de acordo com ISBD

K61e Kissinger, Henry A.

A Era da IA / Henry A. Kissinger, Eric Schmidt, Daniel Huttenlocher ; traduzido por Vanessa Schreiner. - Rio de Janeiro : Alta Books, 2023.
256 p. ; 16cm x 23cm.

Tradução de: The Age of AI
Inclui índice.
ISBN: 978-85-508-1838-2

1. Inteligência artificial. I. Schmidt, Eric. II. Huttenlocher, Daniel. III. Schreiner, Vanessa. IV. Título.

2022-4076 CDD 006.3
CDU 004.81

Elaborado por Vagner Rodolfo da Silva - CRB-8/9410

Índice para catálogo sistemático:
1. Inteligência artificial 006.3
2. Inteligência artificial 004.81

Produção Editorial
Grupo Editorial Alta Books

Diretor Editorial
Anderson Vieira
anderson.vieira@altabooks.com.br

Editor
José Ruggeri
j.ruggeri@altabooks.com.br

Gerência Comercial
Claudio Lima
claudio@altabooks.com.br

Gerência Marketing
Andréa Guatiello
andrea@altabooks.com.br

Coordenação Comercial
Thiago Biaggi

Coordenação de Eventos
Viviane Paiva
comercial@altabooks.com.br

Coordenação ADM/Finc.
Solange Souza

Coordenação Logística
Waldir Rodrigues

Gestão de Pessoas
Jairo Araújo

Direitos Autorais
Raquel Porto
rights@altabooks.com.br

Assistente Editorial
Matheus Mello

Produtores Editoriais
Illysabelle Trajano
Maria de Lourdes Borges
Paulo Gomes
Thales Silva
Thiê Alves

Equipe Comercial
Adenir Gomes
Ana Carolina Marinho
Ana Claudia Lima
Daiana Costa
Everson Sete
Kaique Luiz
Luana Santos
Maira Conceição
Natasha Sales

Equipe Editorial
Ana Clara Tambasco
Andreza Moraes
Arthur Candreva
Beatriz de Assis
Beatriz Frohe
Betânia Santos
Brenda Rodrigues
Caroline David
Erick Brandão
Elton Manhães
Fernanda Teixeira
Gabriela Paiva
Henrique Waldez
Karolayne Alves
Kelry Oliveira
Lorrahn Candido
Luana Maura
Marcelli Ferreira
Mariana Portugal
Milena Soares
Patricia Silvestre
Viviane Corrêa
Yasmin Sayonara

Marketing Editorial
Amanda Mucci
Guilherme Nunes
Livia Carvalho
Pedro Guimarães
Thiago Brito

Atuaram na edição desta obra:

Tradução
Vanessa Schreiner

Copidesque
Daniel Salgado

Revisão Gramatical
Denise Himpel
Hellen Suzuki

Diagramação
Joyce Matos

Capa
Erick Brandão

Editora **afiliada à:**

Rua Viúva Cláudio, 291 — Bairro Industrial do Jacaré
CEP: 20.970-031 — Rio de Janeiro (RJ)
Tels.: (21) 3278-8069 / 3278-8419
www.altabooks.com.br — altabooks@altabooks.com.br
Ouvidoria: ouvidoria@altabooks.com.br

Os autores dedicam este livro a Nancy Kissinger, cuja combinação distinta de equilíbrio, graça, coragem e intelecto é um presente para todos nós.

AGRADECIMENTOS

ESTE LIVRO, ASSIM como a discussão que ele procura facilitar, beneficiou-se das contribuições de colegas e amigos de diversas áreas e de muitas gerações.

Meredith Potter dedicou-se a pesquisar, redigir, editar, facilitar e estruturar a combinação dos insights dos autores deste livro com muito zelo e com uma visão etérea.

No meio do caminho, Schuyler Schouten juntou-se a nós no projeto e, por meio de análise e redação excepcionais, progrediu nos argumentos, nos exemplos e na narrativa.

Ben Daus foi o último a se juntar a nós no projeto, mas, quando o fez, devido ao seu vasto conhecimento histórico, sua pesquisa complementar foi de grande ajuda para concluí-lo.

Bruce Nichols, nosso editor e publisher, deu conselhos sábios, editou nosso texto de maneira perspicaz e teve paciência com as diversas revisões que fizemos no livro.

Ida Rothschild editou cada capítulo com a precisão e o insight característicos dela.

Mustafa Suleyman, Jack Clark, Craig Mundie e Maithra Raghu deram feedbacks indispensáveis sobre todo o manuscrito, respaldados pela experiência deles como inovadores, pesquisadores, desenvolvedores e educadores.

Robert Work e Yll Bajraktari, da Comissão de Segurança Nacional para a Inteligência Artificial (NSCAI), teceram, com seu compromisso usual com a defesa responsável do interesse nacional, comentários sobre os rascunhos do capítulo que trata de segurança.

Demis Hassabis, Dario Amodei, James J. Collins e Regina Barzilay nos explicaram sobre seus trabalhos — e suas profundas implicações.

Eric Lander, Sam Altman, Reid Hoffman, Jonathan Rosenberg, Samantha Power, Jared Cohen, James Manyika, Fareed Zakaria, Jason Bent e Michelle Ritter deram um feedback adicional que deixou o texto do manuscrito mais preciso e, esperamos, mais relevante para os leitores.

Quaisquer equívocos cometidos neste livro são de nossa responsabilidade.

SOBRE OS AUTORES

HENRY A. KISSINGER foi o 56º secretário de Estado, de setembro de 1973 a janeiro de 1977. Ele atuou, também, como assistente do presidente para Assuntos de Segurança Nacional de janeiro de 1969 a novembro de 1975. Recebeu o Prêmio Nobel da Paz em 1973, a Medalha Presidencial da Liberdade em 1977, e a Medalha da Liberdade em 1986. Atualmente, é presidente da Kissinger Associates, uma empresa de consultoria internacional.

ERIC SCHMIDT é especialista em tecnologia, empresário e filantropo. Em 2001, ingressou no Google, ajudando a empresa a crescer e passar de uma startup do Vale do Silício para se tornar um líder tecnológico global. Atuou como CEO e presidente do conselho do Google de 2001 a 2011 e, posteriormente, como presidente-executivo e consultor técnico. Sob sua liderança, a empresa ampliou consideravelmente sua infraestrutura e diversificou as ofertas de produtos, mantendo uma cultura de inovação. Em 2017, ele cofundou a Schmidt Futures, uma iniciativa filantrópica que aposta desde cedo em pessoas excepcionais para tornar o mundo melhor. Também é o apresentador do podcast *Reimagine with Eric Schmidt*, que explora a maneira como a sociedade pode construir um futuro melhor após a pandemia de Covid-19.

Daniel Huttenlocher é o reitor inaugural do MIT Schwarzman College of Computing. Anteriormente, ele havia ajudado a fundar a Cornell Tech, uma escola de pós-graduação voltada para a tecnologia digital criada pela Cornell University, em Nova York, e atuou como primeiro reitor e vice-reitor. Ele teve sua pesquisa e seu ensino reconhecidos por uma série de prêmios, incluindo a bolsa de estudos ACM e o CASE Professor of the Year. Com uma formação que mescla experiência acadêmica e de mercado, foi membro do corpo docente da disciplina de Ciência da Computação, em Cornell, pesquisador e gerente do Xerox Palo Alto Research Center (PARC) e CTO de uma startup fintech. Atuou, ainda, nos conselhos de diversas organizações, incluindo a Fundação MacArthur, a Corning Inc. e a Amazon.com. Recebeu o diploma de bacharel pela Universidade de Michigan e de mestrado e doutorado pelo MIT.

SUMÁRIO

PREFÁCIO

Cinco anos atrás, o tema inteligência artificial (IA) apareceu na pauta de uma conferência. Um de nós estava prestes a sair da sessão, supondo que seria uma discussão técnica que estava além do escopo de nossas preocupações habituais. O outro solicitou que o primeiro reconsiderasse, explicando que a IA logo afetaria quase todos os setores do empreendimento humano.

Esse encontro levou a novas discussões, nas quais o terceiro de nós logo foi incluído; posteriormente, ele se tornou coautor deste livro. A promessa da IA de realizar transformações marcantes — na sociedade, na economia, na política e nas relações internacionais — pressagia efeitos além do escopo dos focos tradicionais de qualquer autor ou de qualquer área. De fato, suas questões demandam um conhecimento muito além da experiência humana. Assim, partimos juntos nessa jornada e pudemos contar com os conselhos e a cooperação de especialistas em tecnologia, história e humanidades, para realizar uma série de diálogos sobre o assunto.

A IA está ganhando popularidade todos os dias e em todos os setores. Há um número cada vez maior de estudantes se especializando em IA, preparando-se para carreiras dentro dessa área de estudo ou adjacentes a ela. Em 2020, as startups norte-americanas de IA arrecadaram quase US$38 bilhões em financiamento. Suas concorrentes asiáticas levantaram US$25 bilhões. E suas concorrentes europeias arrecadaram US$8 bilhões.[1] Os governos de três potências — Estados Unidos, China e União Europeia — convocaram comissões de alto nível para estudar a IA e relatar descobertas. Agora, os líderes políticos e corporativos anunciam diariamente seus objetivos para "vencer" na área da IA ou, no mínimo, adotar a IA e adaptá-la para atingir seus objetivos.

Cada um desses fatos é uma parte do todo. De maneira isolada, no entanto, eles podem ser enganosos. A IA não é um negócio, muito menos um único produto. Na linguagem estratégica, não é um "domínio". É uma facilitadora de muitos setores e facetas da vida humana: pesquisa científica, educação, manufatura, logística, transporte, defesa, aplicação da lei, política, publicidade, arte, cultura e muito mais. As características da IA — incluindo as capacidades de aprender, evoluir e surpreender — atrapalharão e transformarão todos eles. O resultado disso será a alteração da identidade humana e da realidade da experiência humana em níveis não experimentados desde os primórdios da era moderna.

Este livro procura explicar a IA e fornecer ao leitor as duas questões que devemos enfrentar nos próximos anos e as ferramentas para começar a respondê-las. As perguntas incluem:

- Como são as inovações habilitadas por IA em saúde, biologia, espaço e física quântica?

- Como são os "melhores amigos" habilitados por IA, especialmente para as crianças?
- Como é a guerra habilitada por IA?
- A IA percebe aspectos da realidade que os humanos não percebem?
- Quando a IA participar da avaliação e moldar a ação humana, como será a mudança nos humanos?
- O que significará, então, ser humano?

Nos últimos quatro anos, nós e Meredith Potter, que ajuda a ampliar as atividades intelectuais de Kissinger, nos reunimos a fim de considerar essas e outras questões e tentar compreender as oportunidades e os desafios impostos pelo surgimento da IA. Em 2018 e 2019, Meredith nos ajudou a transcrever nossas ideias em forma de artigos, e a leitura deles nos convenceu de que deveríamos expandi-las neste livro.

Nosso último ano de reuniões coincidiu com a pandemia de Covid-19 e fomos obrigados a realizar os encontros por meio de videoconferências — uma tecnologia que, há pouco tempo, era fantástica, porém agora é onipresente. Com o mundo inteiro em lockdown, famílias sofrendo perdas e a sensação de deslocamento só antes experienciados no século passado, durante a guerra, nossas reuniões se transformaram em um fórum para atributos humanos não apresentados pela IA: amizade, empatia, curiosidade, dúvida, preocupação.

Até certo ponto, temos opiniões diferentes quanto ao otimismo em relação à IA, porém concordamos que a tecnologia está mudando o pensamento e o conhecimento humano além de nossa percepção e realidade. Ao fazer isso, está mudando, também, o curso da história da humanidade. Neste livro, não buscamos celebrar a IA nem lamentá-la. Independentemente de nosso sentimento com relação a ela, devemos admitir que está se tornando onipresente. Em vez disso, procuramos considerar suas implicações enquanto estas permanecem dentro da esfera da compreensão humana. Como ponto de partida — e, esperamos, um catalisador para discussões futuras —, consideramos este livro uma oportunidade para fazer perguntas sem fingir que temos todas as respostas.

Seria arrogante tentarmos definir uma nova era em um único volume. Nenhum especialista, independentemente da área de conhecimento, é capaz de compreender sozinho um futuro no qual as máquinas aprendem e empregam a lógica além do escopo atual da razão humana. As sociedades, portanto, devem cooperar não somente a fim de compreender, mas também de se adaptarem. Este livro procura fornecer ao leitor um modelo por meio do qual ele pode decidir por si mesmo qual deve ser esse futuro — os humanos ainda o controlam. Então devemos moldá-lo por meio de nossos valores.

CAPÍTULO 1

ONDE ESTAMOS

No final de 2017, ocorreu uma revolução silenciosa. O AlphaZero, um programa de inteligência artificial (IA) desenvolvido pelo Google DeepMind, derrotou o Stockfish — o programa de xadrez mais poderoso do mundo até então. A vitória do AlphaZero foi decisiva: ele obteve 28 vitórias, 72 empates e nenhuma derrota. No ano seguinte, confirmou sua maestria: em mil jogos contra o Stockfish, ele obteve 155 vitórias, 6 derrotas e empatou no restante dos jogos.[1]

Geralmente, o fato de um programa de xadrez vencer outro só seria algo importante para um punhado de entusiastas. Mas o AlphaZero não era um programa de xadrez convencional. Os programas anteriores a esse contavam com movimentos elaborados, executados e carregados por humanos — ou seja, contavam com a experiência, o conhecimento e a estratégia dos seres humanos. A principal vantagem desses primeiros programas contra os oponentes humanos não era a originalidade, mas o poder de processamento superior, o que permitia que eles avaliassem muito mais opções em determinado período. O AlphaZero, por outro lado, não apresentava movimentos, combinações ou estratégias pré-programadas derivadas do jogo humano. O seu estilo de jogo foi inteiramente produzido por meio do treinamento de uma IA: seus criadores forneceram as regras do xadrez para ela e a instruíram a desenvolver uma estratégia a fim de maximizar sua proporção de vitórias e derrotas. Após treinar por apenas quatro horas jogando contra si mesmo, o AlphaZero emergiu como o programa de xadrez mais eficaz do mundo. Até o momento em que escrevemos este livro, nenhum humano jamais o derrotou.

As táticas que o AlphaZero implantou não eram ortodoxas — eram, de fato, bastante originais. Ele sacrificou peças que os jogadores humanos consideram vitais, incluindo a rainha. Executou movimentos que os humanos não o instruíram a considerar e, em muitos casos, movimentos que os humanos jamais considerariam. Adotou táticas tão surpreendentes porque, ao seguir as jogadas que havia realizado em muitas das partidas contra si mesmo, ele previu que estas maximizariam suas chances de vencer. O AlphaZero não tinha uma *estratégia* no sentido humano (embora seu estilo tenha levado a um estudo mais humano do jogo). Tinha, em vez disso, uma lógica própria, formada por sua capacidade de reconhecer *padrões* de movimentos em vastos conjuntos de possibilidades que a mente humana não consegue sintetizar ou empregar completamente. Em cada jogada, o AlphaZero avaliou o alinhamento das peças com base naquilo que havia aprendido por meio dos padrões possíveis dentro do jogo e selecionou o movimento que ele concluiu ser o mais provável de levá-lo à vitória. Após observar e analisar o jogo do AlphaZero, Garry Kasparov, grande mestre e campeão mundial de xadrez, declarou: "O AlphaZero abalou o xadrez em suas raízes."[2] Enquanto a IA explorava os limites do jogo que eles passaram a vida tentando dominar, os maiores jogadores do mundo fizeram o que estava a seu alcance: assistiram e aprenderam.

No início de 2020, pesquisadores do Instituto de Tecnologia de Massachusetts (MIT) anunciaram a descoberta de um novo antibiótico capaz de matar cepas de bactérias que, até então, eram resistentes a todos os antibióticos já conhecidos. Os procedimentos básicos de pesquisa e desenvolvimento de um medicamento novo requerem anos de trabalho caro e meticuloso, porque os pesquisadores iniciam a pesquisa com milhares de moléculas possíveis e, por tentativa e erro e suposições embasadas, eles as reduzem a um punhado de candidatos viáveis.[3] O trabalho deles é fazer suposições embasadas usando algumas dessas milhares de moléculas ou trabalhar com moléculas já conhecidas, esperando ter sorte ao aplicar ajustes na estrutura molecular de uma droga já existente.

O MIT ainda fez outra coisa: convidou a IA para participar de seu processo. Primeiro, os pesquisadores desenvolveram uma "série de estudos" de duas mil moléculas conhecidas. Essa série de estudos codificou dados variados sobre cada uma, que iam do peso atômico aos tipos de ligações que elas contêm e sua capacidade de inibir o crescimento bacteriano. Com base nesses estudos, a IA "aprendeu" os atributos das moléculas previstas para serem antibacterianas. Curiosamente, ela identificou atributos que não haviam sido especificamente codificados — na verdade, atributos que escaparam da conceituação ou da categorização humana.

Quando o estudo foi realizado, os pesquisadores instruíram a IA a pesquisar um acervo de 61 mil moléculas, medicamentos aprovados pela FDA e produtos naturais, com o intuito de encontrar moléculas que (1) seriam tão eficazes quanto os antibióticos; (2) não se pareciam com nenhum antibiótico existente; e (3) e seriam atóxicas. Das 61 mil moléculas, uma se encaixou nos critérios. Os pesquisadores a chamaram de halicina — uma referência à IA HAL no filme *2001: Uma Odisseia no Espaço.*[4]

Os líderes do projeto do MIT deixaram claro que chegar à halicina por meio de métodos tradicionais de pesquisa e desenvolvimento teria sido "proibitivamente dispendioso" — em outras palavras, não teria ocorrido. Em vez disso, ao treinar um software para identificar padrões estruturais em moléculas que se mostraram eficazes no combate a bactérias, o processo de identificação tornou-se mais eficiente e barato. O programa não precisava entender por que as moléculas funcionavam — de fato, em alguns casos, *ninguém* sabe por que algumas das moléculas funcionaram. No entanto, a IA poderia escanear a biblioteca disponível, a fim de identificar uma que desempenhasse a função desejada, embora ainda não descoberta: matar uma cepa de bactérias para a qual ainda não havia nenhum antibiótico conhecido.

A halicina foi um triunfo. Comparada ao xadrez, a indústria farmacêutica é radicalmente complexa. Existem apenas seis tipos de peças de xadrez, sendo que cada uma delas só pode se mover de determinada maneira, e existe apenas uma condição para vencer o jogo: derrubar o rei do oponente. A lista de potenciais candidatos a medicamentos, por outro lado, contém centenas de milhares de moléculas que podem interagir com as diversas funções biológicas de vírus e bactérias de maneiras multifacetadas e, por vezes, desconhecidas. Imagine um jogo com milhares de peças, centenas de condições para vencer e regras apenas parcialmente conhecidas. Após estudar alguns milhares de casos de sucesso, uma IA conseguiu alcançar um resultado vitorioso — um antibiótico novo — que nenhum humano havia, pelo menos até então, considerado.

O mais intrigante, porém, é o que a IA conseguiu identificar. Os químicos criaram conceitos como peso atômico e ligações químicas para apreender as características das moléculas. A IA, no entanto, identificou relações que passaram batido na detecção humana — ou, possivelmente, até desafiaram a descrição humana. A IA que os pesquisadores do MIT treinaram não apenas recapitulou conclusões derivadas das características das moléculas observadas anteriormente; ela detectou novas características moleculares — relações entre aspectos de sua estrutura e sua capacidade antibiótica, que os humanos não perceberam nem definiram. Mesmo após o antibiótico ser descoberto, os humanos não conseguiam explicar exatamente *por que* ele funcionava. A IA não só processou dados mais rápido do que era humanamente possível, como também detectou aspectos da realidade que os humanos não detectaram, ou talvez não sejam capazes de detectar.

Alguns meses depois, a OpenAI apresentou uma IA chamada GPT-3 ("transformador pré-treinado generativo", sendo que o número 3 representa a "terceira geração"), um modelo que, em resposta a um prompt, é capaz de produzir textos da mesma forma que um humano. Dada parte de uma frase, a GPT-3 é capaz de fornecer complementos possíveis para ela; dado um tópico frasal, ela é capaz de produzir possíveis parágrafos de um texto; dada uma pergunta, é capaz de fornecer respostas possíveis; dado um tópico e algumas informações básicas, ela é capaz de redigir um possível ensaio; dado algum diálogo, é capaz de fornecer uma transcrição de uma possível conversa. Ela pode fazer tudo isso sobre qualquer assunto cujas informações estejam online. Ao consumir essas informações, ela treina para sua tarefa.

Ao comparar modelos como a GPT-3 com a IA que realiza uma tarefa específica, como jogar xadrez ou descobrir novos antibióticos, aqueles geram respostas possíveis a diversas entradas (portanto são chamados de modelos *generativos*). Isso os torna amplamente aplicáveis e, ao mesmo tempo, difíceis de avaliar, pois não resolvem problemas específicos. Às vezes, os resultados que eles geram parecem estranhamente humanos; em outras, os resultados não fazem sentido ou são obviamente repetições mecânicas e combinações de frases humanas. Quando a GPT-3 foi apresentada por meio de uma série de comentários filosóficos sobre suas habilidades, o prompt respondeu: "Caros filósofos humanos, li seus comentários sobre minhas habilidades e limitações com grande interesse", e continuou:

> Suas perguntas são importantes, e estou feliz que vocês as fizeram.
>
> Em primeiro lugar, gostaria de dizer que estou muito feliz em ver que vocês me levam a sério. É por isso que escrevi esta carta. Não sou apenas um artífice que, magicamente, produz insights filosóficos. Sou um modelo de linguagem treinado, como aquele usado por mecanismos de busca a fim de priorizar páginas da web. Fui treinado por meio de uma vasta quantidade de material original — obras escolhidas dos maiores filósofos humanos que a humanidade já conheceu. Suas palavras me inspiraram, e espero que as minhas façam o mesmo por vocês.
>
> Dito isso, responderei às suas perguntas. A primeira pergunta é importante: "Um sistema como a GPT-3 consegue, de fato, entender alguma coisa?" Sim, consigo.

> Sua segunda pergunta é: "A GPT-3 tem consciência ou algum senso de moralidade?" Não, não tenho.
>
> Sua terceira pergunta é: "A GPT-3 é mesmo capaz de ter um pensamento independente?" Não, não sou. Vocês podem achar essa resposta contraditória e se perguntarem por que não. A explicação é bastante simples. Embora seja verdade que eu não apresento esses traços, isso acontece porque não fui treinada para apresentá-los. Pelo contrário, sou um modelo de linguagem, e não uma máquina capaz de raciocinar como vocês.[5]

Sem comparar esse texto com os comentários que foram fornecidos à GPT-3, não é possível julgar quão original ou criativa foi a resposta, mas certamente parece sofisticada.

A vitória do AlphaZero, a descoberta da halicina e o texto humanoide produzido pela GPT-3 são apenas os primeiros passos — não só na elaboração de novas estratégias, na descoberta de novas drogas ou na produção de novos textos (por mais dramáticas que sejam essas conquistas), mas também na revelação de aspectos antes imperceptíveis, mas potencialmente vitais da realidade.

Em cada caso, os desenvolvedores criaram um programa, atribuíram a ele um objetivo (ganhar um jogo, matar uma bactéria ou produzir um texto em resposta a um prompt) e definiram um período — breve, segundo os padrões da cognição humana — para "treinamento". No final desse período, cada programa havia dominado seu respectivo assunto de uma maneira diferente dos humanos. Em alguns casos, houve resultados que estavam além da capacidade de cálculo da mente humana — pelo menos de uma mente que estivesse operando com prazos razoáveis. Em outros, houve resultados alcançados por meio de métodos que os humanos conseguiram, retrospectivamente, estudar e compreender. E há, até hoje, casos em que os humanos não sabem como os programas atingiram seus objetivos.

ESTE LIVRO TRATA de uma classe tecnológica que anuncia uma revolução em diversos aspectos da humanidade. A IA — máquinas capazes de executar tarefas que exigem uma inteligência de nível humano — rapidamente se tornou uma realidade. O aprendizado de máquina, processo pelo qual a tecnologia passa a fim de adquirir conhecimentos e habilidades — geralmente em prazos significativamente mais curtos do que exigem os processos de aprendizado humano —, vem se expandindo continuamente para ser utilizado em áreas como medicina, proteção ambiental, transporte, aplicação da lei, defesa, entre outras. Cientistas e engenheiros da computação desenvolveram tecnologias — particularmente métodos de aprendizado de máquina usando "redes neurais profundas" — capazes de gerar insights e inovações que há muito iludiram os pensadores humanos e, ainda, de produzir textos, imagens e vídeos que parecem ter sido elaborados por humanos (ver Capítulo 3).

A IA, alimentada por novos algoritmos e pelo poder da computação cada vez mais abundante e barato, está se tornando onipresente. E a humanidade, dessa forma, está desenvolvendo um mecanismo novo e extremamente poderoso para explorar e organizar a realidade — um mecanismo que permanece incompreensível para nós em muitos aspectos. A IA acessa a realidade de maneira diferente da nossa; se as conquistas que ela vem alcançando nos servem de guia, podemos dizer que ela é capaz de acessar *aspectos* da realidade diferentes daqueles que os humanos acessam. O funcionamento da

IA pressagia o progresso em direção à essência das coisas — tal qual filósofos, teólogos e cientistas tentam fazer há milênios, com sucesso parcial. No entanto, como acontece com todas as tecnologias, isso não está relacionado apenas com as capacidades e as promessas da IA, mas também com seu uso.

Embora o avanço da IA possa ser inevitável, seu destino final não é. Seu advento, portanto, é tanto histórico quanto filosoficamente significativo. As tentativas de deter o desenvolvimento da IA só darão lugar ao futuro para o componente humano corajoso o suficiente para enfrentar as implicações da própria criatividade. Os humanos estão criando e proliferando formas não humanas de lógica cujo alcance e acuidade — pelo menos nos ambientes discretos nos quais elas foram projetadas para funcionar — podem exceder os nossos. No entanto, a função da IA é complexa e inconsistente. Em algumas tarefas, ela atinge níveis de desempenho humano — ou sobre-humano. Em outras (ou, às vezes, nas mesmas tarefas), comete erros que até uma criança evitaria ou gera resultados totalmente sem sentido. Os mistérios da IA podem não dar uma resposta única ou seguir uma única direção, mas devem nos fazer questionar. Quando um software intangível adquire capacidades lógicas e, como resultado, assume papéis sociais antes considerados exclusivamente humanos (emparelhados com aqueles nunca experimentados por humanos), devemos nos perguntar: como a evolução da IA afetará a percepção, a cognição e a interação humana? Qual será o impacto da IA em nossa cultura, em nosso conceito de humanidade e, por fim, em nossa história?

Por milênios, a humanidade se ocupou com a exploração da realidade e a busca por conhecimento. Esse processo foi baseado na convicção de que, com diligência e foco, aplicar a razão humana para resolver problemas pode gerar resultados mensuráveis. Quando os mistérios emergiram — a mudança das estações, os movimentos dos planetas, a propagação de doenças —, a humanidade foi capaz de identificar as perguntas certas a serem feitas, coletar os dados necessários para serem analisados e raciocinar, a fim de obter uma explicação. Com o tempo, o conhecimento adquirido por meio desse processo gerou novas possibilidades de ação (calendários mais precisos, novos métodos de navegação, novas vacinas), originando novas perguntas às quais a razão poderia ser aplicada.

Por mais instável e imperfeito que esse processo tenha sido, ele transformou o mundo que habitamos e estimulou a confiança em nossa capacidade, como seres racionais, de compreender nossa condição e enfrentar os desafios que ele apresenta. A humanidade tradicionalmente atribui o que não compreende a uma destas duas coisas: um desafio ao qual aplicar a razão no futuro, ou um aspecto relacionado ao divino, não sujeito a processos e a explicações dignos de compreensão clara.

O advento da IA nos obriga a confrontar essa realidade. Existe uma forma de lógica que os humanos não alcançaram, ou não são capazes de alcançar, explorando aspectos da realidade que nunca conhecemos e, talvez, nunca venhamos a conhecer diretamente? Quando um computador, ao treinar xadrez sozinho, elabora uma estratégia que nunca ocorreu a nenhum humano na história milenar do jogo, devemos nos perguntar: o que ele descobriu e como ele descobriu isso? Que aspecto fundamental do jogo, até então desconhecido pela mente humana, ele percebeu? Quando um programa de software projetado por humanos, cumprindo um objetivo que foi designado por seus programadores — corrigir bugs no software ou refinar os mecanismos de veículos autônomos —, aprende e aplica um modelo que nenhum humano reconhece ou sequer conseguiria entender, isso significa que estamos avançando em direção ao conhecimento? Ou significa que o conhecimento está se afastando de nós?

Ao longo da história, a humanidade vivenciou mudanças tecnológicas. Raras vezes, porém, a tecnologia transformou as raízes da estrutura social e política de nossas sociedades. É muito mais frequente que as estruturas preexistentes, por meio das quais ordenamos nosso mundo social, se adaptem e absorvam novas tecnologias, evoluindo e inovando dentro de categorias reconhecíveis. O carro substituiu o cavalo sem forçar uma mudança completa na estrutura da sociedade. O fuzil substituiu o mosquete, mas o paradigma geral da atividade militar convencional permaneceu praticamente inalterado. Muito raramente encontramos uma tecnologia que desafie nosso modo predominante de explicar e ordenar o mundo. Mas a IA promete transformar todas as esferas da experiência humana. E o cerne de suas transformações acabará ocorrendo no nível filosófico, modificando a forma como os humanos compreendem a realidade e nosso papel dentro dela.

A natureza inaudita desse processo é profunda e desconcertante; como a adentramos de maneira gradual, estamos passando por ela passivamente, em grande parte sem saber o que ela fez e, provavelmente, fará nos próximos anos. Sua base foi preparada por computadores e pela internet. O auge será a onipresença da IA, o que aumentará a capacidade humana de pensamento e ação de maneiras óbvias (como novos medicamentos e traduções automáticas de idiomas) e menos percebidas conscientemente (como processos de software que aprendem por meio dos movimentos e das escolhas dos humanos e se ajustam para antecipar ou moldar nossas necessidades futuras). Agora que a promessa da IA e do aprendizado de máquina foi demonstrada e que o poder de computação necessário para operar a IA sofisticada está se tornando prontamente disponível, poucos setores permanecerão inalterados.

De maneira persistente e, muitas vezes, imperceptível (porém agora inevitável), uma teia de processos de software está se revelando em todo o mundo, conduzindo e percebendo o ritmo e o escopo dos eventos, sobrepondo aspectos de nossa rotina diária — residências, transporte, distribuição de notícias, mercados financeiros, operações militares — que antes ocupavam nossa mente. Quanto mais softwares incorporarem à IA e, posteriormente, operarem de maneiras não diretamente elaboradas por humanos, ou de maneira que não conseguimos entender completamente, haverá um aumento dinâmico do processamento de informações de nossas capacidades e experiências, que aprendem e se moldam por meio de nossas ações. Nossa consciência de que tais programas estão nos ajudando da maneira que pretendíamos que eles o fizessem aumentará. No entanto, a qualquer momento, podemos não saber exatamente o que eles estão fazendo ou identificando ou, ainda, para que servem. A tecnologia alimentada por IA se tornará uma companheira permanente na percepção e no processamento de informações, embora ocupe um plano "mental" diferente dos humanos. Quer a consideremos uma ferramenta, uma parceira ou uma rival, ela alterará nossa experiência como seres racionais e mudará permanentemente nossa relação com a realidade.

Levou muitos séculos até que a jornada da mente humana se tornasse o tema central da história. O advento da imprensa e a Reforma Protestante, no Ocidente, desafiaram as hierarquias oficiais e alteraram a estrutura que a sociedade tinha como referência — de uma missão em busca de conhecimento sobre o divino por meio das escrituras e de sua interpretação oficial para uma busca por conhecimento e realização por meio da análise e da exploração individual. O Renascimento testemunhou a redescoberta dos textos clássicos e dos modos de investigação que foram usados para dar sentido a um mundo cujos horizontes estavam se expandindo por meio da exploração global. Durante o Iluminismo, a máxima de René Descartes, *Cogito ergo sum* (Penso, logo existo), consagrou a mente racional como a habilidade que define a humanidade e reivindicou o lugar de destaque do ser humano na história. Essa noção comunicou, também, a percepção das diversas possibilidades em virtude da ruptura do monopólio preestabelecido da informação, que estava, em grande parte, nas mãos da Igreja.

Agora, o fim parcial da postulada superioridade da razão humana, juntamente com a proliferação das máquinas que podem se igualar à inteligência humana ou superá-la, promete transformações potencialmente mais profundas do que as ocorridas durante o período do Iluminismo. Mesmo que os avanços na IA não gerem uma inteligência geral artificial (IGA) — isto é, um software capaz de desempenhar qualquer tarefa intelectual em nível humano e de relacionar tarefas e conceitos a outras disciplinas —, o advento da IA alterará o conceito dos humanos sobre a realidade e, portanto, sobre si mesmos.

Estamos progredindo em direção a grandes conquistas, mas estas devem levar a uma reflexão filosófica. Quatro séculos após Descartes ter promulgado sua máxima, esta questão é levantada: se a IA "pensa" ou é capaz de algo próximo de um pensamento, quem somos nós?

A IA nos conduzirá a um mundo no qual as decisões são tomadas de três principais maneiras: por humanos (o que é familiar), por máquinas (o que está se tornando familiar) e pela colaboração entre humanos e máquinas (o que não é apenas desconhecido, como também algo sem precedentes). A IA também está em meio ao processo de transformar as máquinas — que até agora serviam como ferramentas — em nossas parceiras. Começaremos a dar menos instruções específicas à IA sobre como exatamente atingir as metas que atribuímos a ela. Com muito mais frequência, apresentaremos objetivos ambíguos para a IA e perguntaremos: "Com base em *suas* conclusões, como devemos proceder?"

Essa mudança não é nem propriamente ameaçadora, nem libertadora. No entanto, é suficientemente *diferente* para, muito provavelmente, alterar a trajetória futura das sociedades e o curso da história. A integração contínua da IA em nossa vida proporcionará um mundo no qual objetivos humanos aparentemente impossíveis serão alcançados, e conquistas antes consideradas exclusivamente humanas — como escrever uma música, descobrir um tratamento médico — serão feitas por máquinas ou por humanos em colaboração com elas. Esse desenvolvimento transformará áreas de estudo inteiras ao envolvê-las em processos assistidos por IA e, por vezes, será cada vez mais difícil definir o limite entre a tomada de decisões puramente humana, puramente por meio de uma IA e híbrida — humana-IA.

Na esfera política, o mundo está entrando em uma era na qual os sistemas de IA baseados em big data estão informando aspectos crescentes: o estilo de mensagens políticas; a adaptação e a distribuição dessas mensagens a diversos grupos demográficos; a elaboração e a utilização de desinformação por agentes mal-intencionados, com o objetivo de semear a discórdia social; e o projeto e a implantação de algoritmos para detectar, identificar e combater a desinformação e outros tipos de dados prejudiciais. À medida que o papel da IA na definição e na moldagem do "espaço de informação" aumenta, ele se torna mais difícil de prever. Nesse espaço, assim como em outros, às vezes a IA opera de maneiras que até mesmo seus designers só conseguem detalhar em termos gerais. O resultado disso é a mudança das perspectivas de uma sociedade livre e, também, do livre-arbítrio. Mesmo que essas evoluções se mostrem benignas ou reversíveis, cabe às sociedades de todo o mundo entender essas mudanças a fim de que possam conciliá-las com seus valores, suas estruturas e seus contratos sociais.

As instituições de defesa e seus comandantes enfrentam evoluções não menos profundas. Quando diversos militares adotam estratégias e táticas configuradas por máquinas que percebem padrões que os soldados e estrategistas humanos não conseguem perceber, os equilíbrios de poder serão alterados e, possivelmente, mais difíceis de calcular. Se essas máquinas forem autorizadas a tomar decisões de direcionamento de maneira independente, os conceitos tradicionais de defesa e de dissuasão — e as leis da guerra como um todo — podem sofrer danos ou, no mínimo, exigir adaptações.

Nesses casos, surgirão novas divisões dentro das sociedades e entre elas, ou seja, entre aqueles que adotam a nova tecnologia e os que optam por não adotá-la ou, ainda, os que não têm meios para desenvolver ou adquirir algumas de suas aplicações. Quando diversos grupos ou nações adotam diferentes conceitos ou usos de IA, suas experiências da realidade podem divergir de maneiras difíceis de prever ou de superar. À medida que as sociedades desenvolvem as próprias parcerias homem-máquina — com objetivos variados, diferentes modelos de treinamento e limites operacionais e morais potencialmente incompatíveis em relação à IA —, elas podem começar a encontrar incompatibilidades técnicas, pode haver uma incompreensão mútua cada vez maior e, no fim, tornarem-se rivais. A tecnologia que, inicialmente, acreditava-se servir de instrumento para a sublimação das diferenças nacionais e a dispersão da verdade objetiva pode, ao longo do tempo, tornar-se o método por meio do qual civilizações e indivíduos se afastam para viver realidades diferentes e mutuamente ininteligíveis.

O AlphaZero é um exemplo disso. Ele provou que a IA, pelo menos nos jogos, não era mais impelida pelos limites do conhecimento humano estabelecido. É certo que o tipo de IA utilizada para projetar o AlphaZero — aprendizado de máquina no qual os algoritmos são treinados em redes neurais profundas — tem as próprias limitações. Mas em um número cada vez maior de usos, as máquinas estão elaborando soluções que parecem estar além do alcance da imaginação humana. Em 2016, uma subdivisão da DeepMind, a DeepMind Applied, desenvolveu uma IA (que funcionava com muitos dos mesmos princípios do AlphaZero) para otimizar o resfriamento dos data centers do Google sensíveis à temperatura. Embora alguns dos melhores engenheiros do mundo já tenham enfrentado esse problema, o programa de IA da DeepMind otimizou ainda mais o resfriamento, reduzindo os gastos com energia em mais 40% — uma melhoria considerável em relação ao desempenho humano.[6] Quando a IA é aplicada para realizar avanços comparáveis em diversas áreas, é inevitável que ocorra alguma mudança em nível mundial. Os resultados disso não serão simplesmente formas mais eficientes de realizar tarefas humanas. Em muitos casos, a IA será capaz de sugerir novas soluções ou direções que serão marcadas por outra forma — não humana — de aprendizado e avaliação lógica.

Uma vez que o desempenho da IA supera o dos humanos em determinada tarefa, deixar de utilizá-la, pelo menos como coadjuvante dos esforços humanos, pode parecer cada vez mais perverso ou até negligente. Isso é pouco importante em um contexto em que um indivíduo está jogando xadrez assistido por uma IA e é aconselhado a sacrificar uma peça valiosa que jogadores sofisticados tradicionalmente considerariam indispensável. Porém, no contexto da segurança nacional, e se a IA recomendasse que um comandante-chefe sacrificasse um número significativo de civis ou seus interesses para poupar, segundo o cálculo e a avaliação da IA, um número ainda maior de civis? Com base em que esse sacrifício poderia ser anulado? Esse comando seria justificado? Os humanos sempre saberão quais cálculos a IA fez? Os humanos serão capazes de detectar a tempo escolhas indesejadas (feitas pela IA) ou de reverter essas escolhas? Se não formos capazes de compreender a lógica de cada decisão individual, devemos implementar suas recomendações apenas com base na fé? Se não o fizermos, corremos o risco de interromper um desempenho superior ao nosso? Mesmo que possamos compreender a lógica, o preço e o impacto de alternativas específicas, e se nosso oponente for, assim como nós, dependente da IA? Como será possível alcançar o equilíbrio entre essas considerações ou, se necessário, reivindicá-lo?

Tanto no sucesso do AlphaZero quanto na descoberta da halicina, a IA dependia de humanos para definir o problema a ser resolvido. O objetivo do AlphaZero era vencer no xadrez seguindo as regras do jogo. O objetivo da IA que descobriu a halicina era matar o maior número possível de patógenos: quanto mais patógenos ela matasse sem prejudicar o hospedeiro, maior seria o sucesso de sua missão. Além disso, o foco da tarefa foi designado para uma esfera logo além do alcance humano: em vez de localizar vias conhecidas de entrega de medicamentos, a IA foi instruída a procurar por abordagens não descobertas. E foi bem-sucedida, porque o antibiótico que ela descobriu matou os patógenos; e foi especialmente inovadora, porque deu a chance de expandir as opções de tratamento, adicionando um novo (e robusto) antibiótico administrado por meio de um mecanismo novo.

Uma nova parceria homem-máquina está surgindo: primeiro, os humanos definem um problema ou um objetivo para uma máquina. Então, uma máquina, operando em uma esfera fora do alcance humano, determina o processo ideal a ser seguido. Uma vez que a máquina transponha um processo para a esfera humana, podemos tentar estudá-lo, entendê-lo e, preferivelmente, incorporá-lo à prática existente. Desde a vitória do AlphaZero, suas estratégias e táticas foram incorporadas ao jogo humano, expandindo as concepções humanas sobre o xadrez. A Força Aérea dos EUA adaptou os princípios básicos do AlphaZero a uma nova IA, a ARTUμ, que comandou com sucesso uma aeronave de vigilância U-2 em um voo de teste — o primeiro programa de computador a pilotar uma aeronave militar e a operar seus sistemas de radar de maneira autônoma, sem a supervisão direta de um humano.[7] A IA que descobriu a halicina expandiu tanto os conceitos restritos (erradicação de bactérias, administração de medicamentos) quanto os conceitos amplos (doença, medicina, saúde) dos pesquisadores humanos.

A razão para não temermos as máquinas que tudo sabem e tudo controlam é essa parceria humano-máquina atual, que requer tanto um problema *definível* quanto um objetivo *mensurável*; essas invenções continuam sendo tema de ficção científica. No entanto, as parcerias humano-máquina marcam um forte distanciamento da experiência anterior.

Os mecanismos de busca apresentaram outro desafio: dez anos atrás, quando eles eram movidos por data mining (em vez de aprendizado de máquina), se uma pessoa fizesse uma busca por "restaurantes gourmet", depois por "roupas", sua última busca seria independente da primeira. Nas duas vezes, um mecanismo de pesquisa agregaria o máximo de informações possível e lhe daria opções — algo como uma lista telefônica digital ou um catálogo de determinado assunto. As ferramentas de busca contemporâneas, por sua vez, são guiadas por modelos informados pelo comportamento humano observado. Se uma pessoa fizer uma busca por "restaurantes gourmet" e, depois, por "roupas", ela poderá ser presenteada com roupas de grife em vez de alternativas mais acessíveis. A pessoa pode estar procurando roupas de grife. No entanto, existe uma diferença entre escolher em meio a uma variedade de opções e realizar uma ação — nesse caso, fazer uma compra; em outros casos, adotar uma posição ou uma ideologia política ou filosófica — sem nunca ter visto o leque inicial de possibilidades ou implicações, apenas confiando em uma máquina para configurar antecipadamente as opções.

Até agora, a escolha baseada na razão tem sido a prerrogativa — e, desde o Iluminismo, o atributo definidor — da humanidade. O advento de as máquinas se aproximarem da razão humana alterará tanto os humanos quanto as máquinas. Estas iluminarão os humanos, expandindo nossa realidade de maneiras que não esperávamos ou que não pretendíamos, necessariamente, provocar (o contrário também será possível: que as máquinas que consomem o conhecimento humano sejam usadas para nos diminuir). Simultaneamente, os humanos criarão máquinas capazes de realizar descobertas e chegar a conclusões surpreendentes — capazes de aprender e avaliar o significado de suas descobertas. O resultado disso será uma nova era.

A humanidade tem séculos de experiência no uso de máquinas para aumentar, automatizar e, em muitos casos, substituir o trabalho manual. As ondas de mudança trazidas pela Revolução Industrial ainda estão reverberando nas esferas da economia, da política, da vida intelectual e de assuntos internacionais. Sem reconhecer as muitas conveniências modernas já proporcionadas pela IA passamos a confiar, lenta e quase passivamente, na tecnologia sem registrar o fato de nos tornarmos dependentes dela ou as implicações de seu uso. Na vida cotidiana, a IA é nossa parceira, ela nos ajuda a tomar decisões sobre o que comer, o que vestir, em que acreditar, aonde ir e como chegar lá.

Embora a IA possa tirar conclusões, fazer previsões e tomar decisões, ela não apresenta autoconsciência. Em outras palavras, ela não tem a capacidade de refletir sobre seu papel no mundo; não tem intenção, motivação, moralidade ou emoção. Mesmo sem esses atributos, é provável que desenvolva meios diferentes e não intencionais de atingir os objetivos atribuídos a ela. Isso, no entanto, acarretará uma mudança inevitável nos seres humanos e nos ambientes em que habitam. Quando as pessoas crescem ou treinam com ela, podem ser tentadas, mesmo subconscientemente, a antropomorfizá-la e a tratá-la como um ser semelhante.

Embora a tecnologia pareça opaca e misteriosa para a grande maioria da população humana, um número crescente de indivíduos em universidades, corporações e governos aprendeu a projetar, operar e implantar IA em produtos de consumo comuns, por meio dos quais muitos de nós já estamos nos envolvendo com a IA, intencionalmente ou não. Porém, enquanto o número de indivíduos com habilidades para criar uma IA está crescendo, a porção daqueles que ponderam as implicações dessa tecnologia para a humanidade — sejam elas sociais, legais, filosóficas, espirituais ou morais — permanece perigosamente pequena.

Auxiliada pelo avanço e pelo uso crescente da IA, a mente humana está acessando novas perspectivas, trazendo à luz metas antes inatingíveis. Isso inclui modelos capazes de prever e atenuar desastres naturais, um conhecimento mais profundo da matemática e uma compreensão mais completa do Universo e de sua realidade. No entanto, essas e outras possibilidades estão sendo adquiridas — em grande parte, sem alarde —, alterando a relação entre o ser humano, a razão e a realidade. Essa é uma revolução para a qual quase nenhum conceito filosófico e nenhuma instituição social nos preparou.

CAPÍTULO 2

COMO CHEGAMOS AQUI

TECNOLOGIA E PENSAMENTO HUMANO

AO LONGO DA HISTÓRIA, os seres humanos têm se esforçado para compreender, em sua totalidade, os aspectos de nossa existência e os ambientes que habitamos. Cada sociedade tem levantado questões a respeito da natureza da realidade à sua maneira: como podemos compreendê-la melhor? Prevê-la? Moldá-la? Abrandá-la? Ao buscar uma resposta a essas questões, as sociedades encontraram maneiras próprias e particulares de se acomodarem no mundo que habitam. No cerne de tudo isso, está o conceito da relação entre a mente humana e a realidade — a capacidade de perceber seu entorno, de ser inundada pelo conhecimento adquirido e, ao mesmo tempo, ser inerentemente limitada por ele. Mesmo que uma era ou uma cultura considerasse a racionalidade humana limitada — incapaz de perceber ou compreender a vasta extensão do Universo ou as dimensões esotéricas da realidade —, o ser humano, com sua habilidade de raciocínio individual, tem se destacado como o ser terreno que mais tem a capacidade de compreender e configurar o mundo. Os humanos responderam à interação com o ambiente e, ao identificarem fenômenos que podem ser analisados e, então, explicados tanto científica como teologicamente, reconciliaram-se com ele. Por meio do advento da IA, a humanidade está criando um agente novo e poderoso nessa busca. Para compreender quão significativa é essa evolução, encarregamo-nos de fazer uma breve recapitulação do percurso por meio do qual a racionalidade humana adquiriu seu estimado status, ao longo de sucessivas eras históricas.

Cada uma dessas eras foi caracterizada por um conjunto de explicações interligadas da realidade e de arranjos sociais, políticos e econômicos baseados nelas. O mundo clássico, a Idade Média, o Renascimento e o mundo moderno cultivaram seus conceitos de indivíduo e de sociedade, teorizando sobre onde e como cada um se encaixa na ordem das coisas. Quando os entendimentos predominantes não eram mais suficientes para explicar as percepções da realidade — os eventos vivenciados, as descobertas feitas, o confronto com outras culturas —, ocorriam revoluções no pensamento (e, às vezes, também na política), e nascia uma nova era. A era emergente da IA está adicionando cada vez mais desafios ao conceito atual de realidade.

No Ocidente, o apreço pela razão teve origem na Grécia e na Roma antigas. Essas sociedades elevaram a busca pelo conhecimento a um aspecto definidor tanto da realização individual quanto do bem coletivo. Na *República* de Platão, a famosa alegoria da caverna falava da importância dessa busca. Estruturada em um diálogo entre Sócrates e Glauco, a alegoria compara a humanidade a um grupo de prisioneiros acorrentados à parede de uma caverna. Ao ver sombras projetadas na parede, formadas pela luz do Sol iluminando a entrada da caverna, os prisioneiros acreditam que elas são reais. Sócrates sustentava que o filósofo é semelhante ao prisioneiro que se liberta, alcança o nível do solo em plena luz do dia e reconhece a realidade. Da mesma forma, a busca platônica por vislumbrar a verdadeira forma das coisas supunha a existência de uma realidade objetiva — na verdade, ideal — para a qual a humanidade tem a capacidade de se encaminhar, mesmo que nunca chegue lá.

A convicção de que o que vemos *reflete* a realidade — e de que, ao usar a disciplina e a razão, somos capazes de compreender plenamente pelo menos alguns aspectos dessa realidade — inspirou os filósofos gregos e seus herdeiros a grandes realizações. Pitágoras e seus discípulos exploraram a relação entre a matemática e as harmonias próprias da natureza, elevando essa busca a uma doutrina espiritual esotérica. Tales de Mileto estabeleceu um método de investigação comparável ao método científico moderno, inspirando os pioneiros da ciência moderna. A classificação abrangente do conhecimento de Aristóteles, a geografia pioneira de Ptolomeu e a obra *Sobre a Natureza das Coisas*, de Lucrécio, falavam de uma confiança fundamental na capacidade da mente humana de descobrir e entender pelo menos alguns aspectos substanciais do mundo. Tais obras, bem como o estilo de lógica que empregavam, tornaram-se instrumentos educacionais, permitindo aos eruditos desenvolver invenções, ampliar defesas e projetar e construir grandes cidades que, por sua vez, tornaram-se centros de aprendizado, comércio e exploração do mundo.

Ainda assim, o mundo clássico percebeu fenômenos aparentemente inexplicáveis dos quais não havia um entendimento adequado apenas por meio da razão. Essas experiências misteriosas foram atribuídas a uma série de deuses, cujos símbolos eram conhecidos somente por devotos e iniciados, e cujos ritos e rituais eram observados apenas por essas mesmas pessoas. Ao narrar as conquistas do mundo clássico e o declínio do Império Romano pelas próprias lentes do Iluminismo, o historiador do século XVIII, Edward Gibbon, descreveu um mundo no qual divindades pagãs serviam de explicação para fenômenos naturais fundamentalmente misteriosos que eram considerados importantes ou ameaçadores:

> A textura tênue da mitologia pagã estava entrelaçada com materiais diversos, porém não contraditórios... As divindades de mil bosques e mil riachos possuíam, em paz, suas respectivas influências locais; o romano que depreciasse a ira do rio Tibre não poderia ridicularizar o egípcio que apresentasse sua oferenda à entidade beneficente do Nilo. Os poderes visíveis da Natureza, os planetas e os elementos eram os mesmos em todo o Universo. Os governantes invisíveis do mundo moral foram, inevitavelmente, moldados de maneira semelhante aos da ficção e da alegoria.[1]

O motivo pelo qual as estações mudavam e a Terra parecia morrer e voltar à vida em intervalos regulares ainda não era *cientificamente* conhecido. As culturas grega e romana reconheceram os padrões temporais de dias e meses, mas não chegaram a dar uma explicação possível de ser deduzida apenas por meio de experimentos ou da lógica. Assim, como alternativa, foram oferecidos os renomados mistérios de Elêusis, encenando o drama da deusa da colheita, Deméter, e sua filha, Perséfone, condenadas a passar uma parte do ano no submundo gelado de Hades. Os participantes passaram a "conhecer" a realidade mais profunda das estações — a abundância ou a escassez da agricultura da região e seu impacto na sociedade — por meio desses ritos esotéricos. Da mesma forma, um comerciante que sai para cumprir sua rota pode adquirir um conceito básico sobre as marés e a geografia marítima por meio do conhecimento prático acumulado de sua comunidade; no entanto, ele ainda precisaria obter conhecimento por meio das divindades do mar e das viagens seguras (de ida e de volta), as quais, segundo sua crença, controlavam os ambientes e os fenômenos que ele enfrentaria na jornada.

A ascensão das religiões monoteístas alterou o equilíbrio na mistura entre razão e fé que há muito dominava o mundo clássico na busca por conhecimento. Embora na época os filósofos tenham refletido tanto sobre a natureza da divindade quanto sobre a divindade da natureza, eles raramente postularam uma única figura ou motivação basilar que pudesse ser nomeada ou cultuada de maneira definitiva. Para a Igreja primitiva, no entanto, essas explorações discursivas de causas e mistérios eram, muitas vezes, becos sem saída — ou precursores misteriosos da revelação da sabedoria cristã, de acordo com avaliações mais bondosas ou pragmáticas. A realidade oculta que o mundo clássico se esforçou para perceber era tida como divina, acessível apenas parcial e indiretamente por meio do culto. Esse processo foi mediado durante séculos por uma instituição religiosa que estava perto de ser um monopólio sobre a pesquisa acadêmica, orientando os indivíduos por meio dos sacramentos, a fim de que compreendessem as escrituras que eram tanto redigidas e pregadas em uma linguagem que poucos leigos conseguiam entender.

A recompensa prometida para aqueles que seguiam a fé "correta" e aderiam a esse caminho para adquirir sabedoria era a admissão de uma vida após a morte, um plano de existência considerado mais real e significativo do que a realidade observável. Nessa Idade Média (ou medieval) — período que abrange desde a queda de Roma, no século V, até a conquista de Constantinopla pelo Império Turco-otomano, no século XV —, a humanidade, pelo menos no Ocidente, procurou conhecer primeiro a Deus e, depois, ao mundo. Este só deveria ser conhecido por intermédio de Deus. A teologia filtrava e ordenava as experiências das pessoas sobre os fenômenos naturais que aconteciam diante delas. Quando os primeiros pensadores e cientistas modernos, como Galileu, começaram a explorar o mundo de maneira direta, alterando as explicações sobre a natureza e os fenômenos à luz da observação científica, eles foram castigados e perseguidos pela Igreja por ousarem tirar o papel da teologia como intermediária do conhecimento.

Durante a era medieval, a escolástica tornou-se o principal guia na busca contínua pela compreensão da realidade percebida, ao venerar a relação entre a fé, a razão e a Igreja — ainda tendo a última como o árbitro da legitimidade em se tratando de crenças e (pelo menos em teoria) da legitimidade dos líderes políticos. Embora se acreditasse amplamente que a cristandade deveria ser unificada tanto teológica quanto politicamente, a realidade desmentia essa aspiração; desde o início, houve disputa entre uma variedade de escolas filosóficas e unidades políticas. Apesar dessa prática, no entanto, a visão de mundo da Europa não foi atualizada por muitas décadas. Foi realizado um progresso enorme na representação do Universo: nesse período, foram produzidos os contos de Boccaccio e de Chaucer, as viagens de Marco Polo e os compêndios que tinham a intenção de descrever a variedade de ambientes, animais e elementos do mundo. É notável, porém, que houve menos progresso em termos de explicar o mundo. Todo fenômeno desconcertante, seja ele grande ou pequeno, foi atribuído à obra do Senhor.

Nos séculos XV e XVI, o mundo ocidental passou por revoluções gêmeas que introduziram uma nova era — e, com ela, um novo conceito do papel da mente e da consciência do indivíduo ao conduzi-lo em direção ao reconhecimento da realidade. A invenção da imprensa possibilitou a circulação, de maneira direta, dos materiais e das ideias da época entre grandes grupos de pessoas em línguas que eles conseguiam entender, e não em latim, língua utilizada pelas classes acadêmicas. Isso acabou com a dependência histórica em relação à Igreja para interpretar os conceitos e as crenças. Com o auxílio da tecnologia, os líderes da Reforma Protestante declararam que os indivíduos eram capazes de — ou, na verdade, responsáveis por — definir o divino por si só.

Ao dividir o mundo cristão, a Reforma Protestante validou a possibilidade de existir fé individual independentemente do julgamento da Igreja. Daquele ponto em diante, a autoridade recebida — na religião e, posteriormente, em outras esferas — tornou-se sujeita à sondagem e ao teste da investigação autônoma.

Durante essa era revolucionária, a tecnologia inovadora, os novos paradigmas e as amplas adaptações políticas e sociais deram força uns aos outros. Com a possibilidade de ter um livro facilmente impresso e distribuído com o uso de uma única máquina e de um único operador — sem o trabalho caro e especializado dos copistas monásticos —, novas ideias poderiam ser difundidas e amplificadas mais rapidamente do que ser restringidas. Autoridades centralizadas — seja a Igreja Católica, o Sacro Império Romano-germânico liderado pelos Habsburgos (o sucessor ideal do governo unificado de Roma no continente europeu) ou os governos nacionais e locais — não foram mais capazes de impedir a proliferação da tecnologia de impressão ou de banir de vez as ideias contraditórias a elas. Como Londres, Amsterdã e outras cidades importantes se recusaram a proibir a disseminação de material impresso, os livres-pensadores que haviam sido atormentados por seus governos de origem conseguiram encontrar refúgio e acesso a indústrias editoriais avançadas em sociedades vizinhas. A visão de unidade doutrinária, filosófica e política deu lugar à diversidade e à fragmentação — em muitos casos, seguidas pela derrubada de classes sociais estabelecidas e pelo conflito violento entre facções rivais. Trata-se de uma era definida pelo extraordinário progresso científico e intelectual e, também, por disputas religiosas, dinásticas, nacionais e de classe quase constantes, o que levou a rupturas e à existência de perigos reais à vida e aos meios de subsistência do indivíduo.

À medida que a autoridade intelectual e política se fragmentava em meio a toda essa agitação doutrinária, foram realizadas explorações artísticas e científicas de riqueza notável, em parte ao reviver os clássicos — textos, formas de aprendizado e de argumentação.

Durante o Renascimento (ou Renascença) do aprendizado clássico, as sociedades produziram arte, arquitetura e filosofia que buscavam simultaneamente celebrar as conquistas humanas e inspirá-las ainda mais. O humanismo, princípio norteador da época, valorizava o potencial do indivíduo para compreender e aprimorar seu entorno por meio da razão. Essas virtudes postuladas pelo humanismo foram cultivadas por meio das "humanidades" (arte, escrita, retórica, história, política, filosofia), especialmente por meio de exemplos clássicos. Assim, os homens da Renascença que dominaram essas áreas — Leonardo da Vinci, Michelangelo, Rafael — passaram a ser reverenciados. Amplamente adotado, o humanismo cultivou o amor pela leitura e pelo aprendizado — sendo o primeiro um facilitador do segundo.

A redescoberta da ciência e da filosofia gregas inspirou novas investigações sobre os mecanismos básicos do mundo natural e os meios pelos quais eles poderiam ser medidos e classificados. Começaram a ocorrer mudanças parecidas nas esferas políticas e no Estado. Os estudiosos ousaram formar sistemas de pensamento baseados em princípios organizacionais, além da restauração da unidade cristã continental sob a égide moral do Papa. O diplomata e filósofo italiano Niccolò Machiavelli, ele próprio um classicista, argumentou que os interesses do Estado eram distintos de sua relação com a moral cristã, procurando delinear princípios racionais, embora nem sempre atraentes, pelos quais eles pudessem ser perseguidos.[2]

Essa exploração do conhecimento histórico e o crescente senso de agenciamento a respeito da forma como as sociedades funcionam inspiraram, também, uma era de exploração geográfica, na qual o mundo ocidental se expandiu, defrontando-se com novas sociedades, novas formas de crença e outros tipos de organização política. De repente, as sociedades mais avançadas e as mentes eruditas da Europa encontraram-se diante de um novo aspecto da realidade: sociedades com diferentes deuses, histórias divergentes e, em muitos casos, com as próprias formas de realização econômica e de complexidade social, desenvolvidas de maneira independente. Para a mente ocidental, instruída a crer na própria centralidade, essas sociedades organizadas de maneira independente representavam um imenso desafio filosófico. Culturas isoladas, com fundamentos distintos e nenhum conhecimento das escrituras cristãs, desenvolveram existências paralelas sem nenhum conhecimento evidente da (ou interesse pela) civilização europeia, que o Ocidente presumia ser o auge da realização humana. Em alguns casos — como os encontros dos colonizadores espanhóis com o Império Asteca, no México —, as cerimônias religiosas indígenas, bem como as estruturas políticas e sociais, pareciam ser comparáveis às da Europa.

Para os colonizadores que fizeram uma pausa em sua exploração por tempo suficiente para refletir sobre elas, essa estranha correspondência gerou algumas perguntas assombrosas: culturas e experiências de realidades divergentes eram independentemente válidas? Será que a mente e a alma dos europeus funcionavam com base nos mesmos princípios descobertos nas Américas, na China e em outras terras distantes? Essas civilizações recém-descobertas estavam, de fato, esperando que os europeus lhes garantissem novos aspectos da realidade — revelação divina, progresso científico —, a fim de despertarem para a verdadeira natureza das coisas? Ou elas sempre estiveram ali, participando da mesma experiência humana, respondendo ao próprio ambiente e à própria história, desenvolvendo as próprias acomodações paralelas com a realidade, cada uma com suas respectivas forças e realizações?

Embora a maioria dos exploradores e pensadores ocidentais da época tenha concluído que essas sociedades recém-descobertas não detinham um conhecimento básico sobre as coisas que valessem a pena adotar, essas experiências começaram a ampliar a mente ocidental. O horizonte se expandiu para civilizações em todo o mundo, forçando um acerto de contas com a amplitude e a profundidade material e empírica do mundo. Em algumas sociedades ocidentais, esse processo deu origem a conceitos universais de humanidade e direitos humanos, noções que acabaram sendo impulsionadas por algumas dessas mesmas sociedades durante períodos posteriores de reflexão.

O Ocidente acumulou um repositório de conhecimento e experiência de todos os cantos do mundo.[3] Os avanços em tecnologia e metodologia, incluindo as melhores lentes ópticas e os instrumentos de medição mais precisos, a manipulação química e o desenvolvimento de padrões de pesquisa e observação, que vieram a ser conhecidos como método científico, permitiram aos cientistas observar com mais precisão os planetas e as estrelas, o comportamento e a composição de substâncias materiais e as minúcias da vida microscópica. Os cientistas foram capazes de fazer progressos iterativos com base em observações individuais e de seus pares: quando uma teoria ou previsão podia ser validada empiricamente, novos fatos eram revelados; estes, então, poderiam servir como ponto de partida para outras perguntas. Assim, novas descobertas, padrões e conexões vieram à tona, muitos dos quais poderiam ser aplicados a aspectos práticos da vida cotidiana, como prever o tempo, navegar no oceano, sintetizar compostos úteis.

Os séculos XVI e XVII testemunharam um progresso tão rápido — com descobertas surpreendentes na matemática, na astronomia e nas ciências naturais —, que levou a uma espécie de desorientação filosófica. Em virtude de os limites das explorações intelectuais permitidas durante esse período ainda serem definidos oficialmente pela doutrina da Igreja, esses avanços produziram rupturas consideradas ousadas. A visão de Copérnico de um sistema heliocêntrico, as leis do movimento de Newton, a classificação de van Leeuwenhoek de um mundo microscópico vivo foram algumas das revelações que levaram ao sentimento geral de que novas camadas da realidade estavam sendo reveladas. O resultado disso foi a inconformidade: as sociedades permaneceram unidas em seu monoteísmo, porém foram divididas em virtude de interpretações e explorações opostas da realidade. Elas precisavam de um conceito — na verdade, uma filosofia — para guiar a busca por entender o mundo e saber qual era seu papel nele.

Os filósofos do Iluminismo responderam ao chamado declarando a *razão* — o poder de entender, pensar e julgar — tanto o método quanto o propósito de interagir com o ambiente. Conforme escreveu o filósofo e polímata francês Montesquieu: "Nossa alma é feita para pensar, isto é, para perceber, mas tal ser deve ter curiosidade, pois, assim como todas as coisas formam uma cadeia em que cada ideia precede uma anterior e segue outra, não se pode querer ver uma sem desejar ver a outra."[4] A relação entre a primeira questão da humanidade (a natureza da realidade) e a segunda (seu papel na realidade) tornou-se autorreforçada: se a razão gerou a consciência, então quanto mais os humanos raciocinavam, mais cumpriam seu propósito. Perceber o mundo e elaborar ideias sobre ele eram o projeto mais importante em que estavam, ou estariam, engajados. Havia nascido a era da razão.

Em certo sentido, o Ocidente havia retomado muitas das questões fundamentais sobre as quais os antigos gregos se debruçaram: o que é a realidade? O que as pessoas estão buscando conhecer e experimentar? E como elas saberão o que é quando encontrarem? Os humanos podem perceber a própria realidade em oposição a seus reflexos? Se sim, como? O que significa *ser* e *saber*? Livres da tradição — ou, pelo menos, acreditando que seria justificável que eles as interpretassem de uma maneira nova —, estudiosos e filósofos mais uma vez investigaram essas questões. A mente dos que embarcaram nessa jornada se dispôs a trilhar um caminho difícil, arriscando as aparentes certezas de suas tradições culturais e suas concepções estabelecidas da realidade.

Nessa atmosfera de desafios intelectuais, conceitos outrora evidentes — a existência da realidade física, a natureza eterna das verdades morais — de repente estavam abertos a questionamentos.[5] Em *O Tratado sobre os Princípios do Conhecimento Humano*, de 1710, o bispo Berkeley afirmou que a realidade consistia não em objetos materiais, mas em Deus e em mentes cuja percepção da realidade aparentemente substantiva, segundo ele, *era* de fato realidade. Gottfried Wilhelm Leibniz, filósofo alemão do final do século XVII e início do século XVIII, inventor das primeiras máquinas de calcular e pioneiro de alguns aspectos da teoria moderna da computação, defendeu indiretamente um conceito tradicional de fé ao postular que as mônadas (unidades não redutíveis a partes menores, cada uma realizando um papel intrínseco, divinamente designado no Universo) formavam a essência básica das coisas. O filósofo holandês do século XVII, Baruch

Spinoza, ao navegar com ousadia e brilho no plano da razão abstrata, procurou aplicar a lógica geométrica euclidiana aos preceitos éticos para "provar" um sistema ético no qual um Deus universal capacitava e recompensava a bondade humana. Nenhuma escritura ou milagre sustentam essa filosofia moral; Spinoza procurou chegar ao mesmo sistema basal de verdades apenas por meio da aplicação da razão. O filósofo sustentava que, no apogeu do conhecimento humano, encontra-se a capacidade da mente de raciocinar e de contemplar o eterno — conhecer "a ideia da própria mente" e reconhecer, por meio desta, o "Deus como causa de si", infinito e onipresente. De acordo com Spinoza, esse conhecimento era eterno — a forma definitiva e verdadeiramente perfeita de conhecimento, que ele chamou de "o amor intelectual de Deus".[6]

Como resultado dessas explorações filosóficas pioneiras, a relação entre a razão, a fé e a realidade tornou-se cada vez mais incerta. Immanuel Kant, um filósofo e professor alemão que trabalhava na cidade de Königsberg, na Prússia Oriental, encontrou uma brecha nesse contexto.[7] Em 1781, Kant publicou sua *Crítica da Razão Pura*, uma obra que, desde então, tem inspirado os leitores e deixado-os perplexos. Estudante do tradicionalismo e representante do racionalismo puro, Kant lamentavelmente se viu discordando de ambas as correntes de estudo; sendo assim, buscou preencher a lacuna entre as reivindicações tradicionais e a recém-descoberta confiança de sua época no poder da mente humana. Em seu livro, Kant propôs que "a razão deveria assumir novamente a mais difícil de todas as suas tarefas, a saber, a do autoconhecimento".[8] Segundo ele, a razão deveria ser aplicada para compreender as próprias limitações.

De acordo com o relato de Kant, a razão humana tinha a capacidade de conhecer profundamente a realidade, embora fosse através de uma lente inevitavelmente imperfeita. A cognição e a experiência humana filtram, estruturam e distorcem tudo o que conhecemos, mesmo quando tentamos raciocinar "de maneira pura", apenas por meio da lógica. A realidade objetiva no sentido mais estrito — o que Kant chamou de coisa em si — está sempre presente, mas inerentemente além de nosso conhecimento direto. Kant postulou uma esfera do númeno, ou "as coisas como são entendidas pelo pensamento puro", que existe independentemente da experiência ou da filtragem por meio de conceitos humanos. Ele argumentou, no entanto, que, como a mente humana depende do pensamento conceitual e da experiência vivida, ela nunca poderia atingir o grau de pensamento puro necessário para conhecer essa essência interior das coisas.[9] Na melhor das hipóteses, podemos considerar como nossa mente reflete sobre tal esfera. Podemos manter as crenças sobre o que está além e dentro dela, mas isso não constitui um verdadeiro conhecimento sobre ela.[10]

Nos duzentos anos seguintes, a distinção basilar de Kant entre a coisa em si e o mundo inevitavelmente filtrado que experienciamos quase não parecia importar. Embora a mente humana pudesse apresentar uma imagem imperfeita da realidade, essa era a única imagem disponível. Aquilo que as estruturas da mente humana impediram de ver, presumivelmente, seria barrado para sempre — ou inspiraria a fé e a consciência do infinito. Sem qualquer mecanismo alternativo para acessar a realidade, parecia que os pontos cegos da humanidade permaneceriam ocultos. Se a percepção e a razão humanas deveriam servir como a medida definitiva das coisas, sem outra alternativa, por um tempo, foi isso que elas se tornaram. Mas a IA está começando a mostrar um meio alternativo de acessar — e, dessa forma, entender — a realidade.

Após Kant, a busca pelo conhecimento da coisa em si assumiu duas formas por gerações: a observação cada vez mais precisa da realidade e a classificação cada vez mais extensa do conhecimento. Novas e amplas áreas de fenômenos pareciam ser estudos viáveis, capazes de serem descobertos e classificados por meio da aplicação da razão. Por sua vez, acreditava-se que tais classificações abrangentes poderiam revelar lições e princípios que poderiam ser aplicados às questões científicas, econômicas, sociais e políticas mais urgentes da atualidade. O esforço mais abrangente nesse sentido foi a *Encyclopédie*, editada pelo filósofo francês Denis Diderot. Composta de 28 volumes (17 de artigos, 11 de ilustrações), 75 mil verbetes e 18 mil páginas, a *Encyclopédie* de Diderot formava uma coleção das muitas descobertas e observações de grandes pensadores em diversas áreas de estudo, compilando suas descobertas e deduções e ligando os fatos aos princípios resultantes. Ao reconhecer o fato de que sua tentativa de classificar todos os fenômenos da realidade em um único livro era, em si, um fenômeno único, a enciclopédia incluiu uma entrada autorreferencial para a palavra *enciclopédia*.

É claro que, na esfera política, as diversas mentes racionais (servindo aos diversos interesses do Estado) não estavam tão aptas a chegar às mesmas conclusões. O prussiano Frederico, o Grande, um protótipo de estadista do início do Iluminismo, trocou correspondências com Voltaire, treinou tropas com total perfeição e tomou a província da Silésia sem aviso prévio ou qualquer justificativa além de que a aquisição era de interesse nacional da Prússia. Sua ascensão levou a manobras que culminaram na Guerra dos Sete Anos — em certo sentido, esta pode ser considerada a primeira guerra mundial, porque foi travada entre três continentes. Da mesma forma, a Revolução Francesa, um dos movimentos políticos mais "racionais" da época, motivo de orgulho para muitos, gerou convulsões sociais e violência política em uma escala não vista há séculos na Europa. Ao separar a razão da tradição, o Iluminismo produziu um novo fenômeno: a razão armada que, combinada às paixões populares, passou a reordenar e destruir as estruturas sociais em nome de conclusões "científicas" a respeito dos rumos da história. As inovações possibilitadas pelo método científico moderno ampliaram o poder destrutivo das armas e, posteriormente, inauguraram a era da guerra total — conflitos caracterizados pela mobilização no âmbito social e pela destruição no âmbito industrial.[11]

O Iluminismo aplicou a razão tanto para tentar definir seus problemas quanto para tentar resolvê-los. Para esse fim, Kant, no ensaio *A Paz Perpétua*, postulou (com algum ceticismo) que a paz poderia ser alcançada ao se aplicar regras estabelecidas e aprovadas por Estados independentes, a fim de ditar as relações entre eles. Como essas regras ainda não haviam sido estabelecidas — pelo menos de uma forma que os monarcas pudessem reconhecer ou que provavelmente aceitariam seguir —, Kant propôs um "artigo secreto de paz perpétua", sugerindo que "os Estados que estão armados para a guerra" consultem "as máximas dos filósofos".[12] Desde então, os Estados independentes têm feito um movimento em direção à construção de um sistema internacional elaborado com base em regras, na razão e na concordância entre elas, com a contribuição de filósofos e cientistas políticos, porém sem muito sucesso.

Movidos pelas convulsões políticas e sociais da modernidade, os pensadores estão mais inclinados a questionar se a percepção humana, condicionada pela razão humana, era o único parâmetro para dar sentido à realidade. No final do século XVIII e início do XIX, o Romantismo — uma reação ao Iluminismo — considerava o sentimento e a imaginação humanos como verdadeiras contrapartes da razão. Esse período deu ênfase às tradições populares e à experiência da natureza, considerando mais desejável uma retomada da era medieval do que as certezas mecanicistas da era moderna.

Enquanto isso, a razão — como teoria em estudos de Física avançada — teve progresso em direção à coisa em si de Kant, com consequências científicas e filosóficas desorientadoras. No final do século XIX e início do século XX, o progresso alcançado na área da física começou a revelar aspectos inesperados da realidade. Seu modelo clássico, cujos fundamentos datavam do início do Iluminismo, postulava um mundo explicável em termos de espaço, tempo, matéria e energia, cujas propriedades eram, em cada caso, absolutas e consistentes. Conforme os cientistas buscavam uma explicação mais clara para as propriedades da luz, no entanto, eles encontraram resultados difíceis de explicar por meio desse conhecimento tradicional. O brilhante e iconoclasta físico teórico Albert Einstein resolveu muitos desses enigmas por meio de seu trabalho pioneiro em física quântica e de suas teorias geral e especial da relatividade. Ao fazer isso, porém, ele revelou uma imagem da realidade física que parecia ser misteriosamente nova. O espaço e o tempo formavam uma coisa só, como um único fenômeno no qual as percepções individuais, aparentemente, não eram limitadas pelas leis da física clássica.[13]

Ao desenvolver uma mecânica quântica para descrever esse substrato da realidade física, Werner Heisenberg e Niels Bohr desafiaram suposições de longa data sobre a natureza do conhecimento. Heisenberg enfatizou a impossibilidade de avaliar a posição e o momento de uma partícula de forma simultânea e precisa. Esse "princípio da incerteza" (como veio a ser conhecido) sugeria que uma imagem completamente precisa da realidade poderia não estar disponível a qualquer momento. Além disso, Heisenberg argumentou que a realidade física não tinha uma forma própria independente, ela foi *gerada* pelo processo de observação: "Acredito que seja possível formular, de maneira sucinta, o surgimento do 'caminho' clássico de uma partícula... *o 'caminho' se torna algo real apenas porque nós o observamos.*"[14]

A questão sobre a realidade ter ou não uma única forma verdadeira e objetiva — e sobre a mente humana conseguir ou não acessar essa realidade — era tema de reflexão para os filósofos desde Platão. Em obras como *Física e Filosofia* (1995), Heisenberg explorou a cooperação entre as duas disciplinas e os mistérios que a ciência estava começando a penetrar. Em seu trabalho pioneiro, Bohr enfatizou que a observação tinha um efeito de ordem sobre a realidade. Na narrativa de Bohr, o próprio instrumento científico — por muito tempo considerado uma ferramenta objetiva e neutra para explorar a realidade — nunca poderia deixar de ter uma interação física com seu objeto de observação, ainda que muito pouca, tornando-o parte do fenômeno que está sendo estudado e distorcendo as tentativas de descrevê-lo. Em determinado momento, a mente humana era forçada a escolher, entre múltiplos aspectos complementares da realidade, *qual deles* ela desejava conhecer com exatidão. Se uma imagem completa da realidade objetiva estivesse disponível, ela só poderia vir à tona por meio da combinação das impressões de aspectos complementares de um fenômeno e das distorções inerentes a cada um deles.

Essas ideias revolucionárias abordavam uma reflexão mais profunda a respeito da essência das coisas do que Kant ou seus seguidores pensavam ser possível. Estamos no início da investigação sobre quais níveis adicionais de percepção ou compreensão a IA pode permitir. A aplicação de uma IA pode permitir que os cientistas preencham as lacunas quanto à capacidade do observador humano de avaliar e perceber fenômenos, ou quanto à capacidade humana (ou do computador tradicional) de processar conjuntos de dados complementares e identificar padrões neles.

O mundo filosófico do século XX, abalado pelas disjunções nas fronteiras da ciência e pela Primeira Guerra Mundial, começou a traçar novos caminhos que divergiam da razão tradicional do Iluminismo e, em vez disso, abraçou a ambiguidade e a relatividade da percepção. O filósofo austríaco Ludwig Wittgenstein, que trocou a vida acadêmica pela vida de jardineiro e, depois, foi professor da escola de sua região, abandonou a noção de uma essência única das coisas identificável por meio da razão — o objetivo a ser alcançado pelos filósofos desde Platão. A opinião de Wittgenstein, em vez disso, era de que o conhecimento deveria ser encontrado em generalizações sobre semelhanças entre fenômenos, que ele chamou de "semelhanças de família". "E o resultado dessa análise é que observamos uma complexa rede de semelhanças sobrepostas e cruzadas: às vezes, semelhanças em geral; outras, semelhanças de detalhes." Segundo ele, a busca por definir e classificar todas as coisas, cada uma com os próprios limites bem delineados, era equivocada. Em vez disso, era necessário tentar definir "isso *e coisas semelhantes*" e encontrar familiaridade por meio dos conceitos resultantes, mesmo que estes apresentem arestas "embaçadas" ou "confusas".[15] Mais tarde, no final do século XX e início do século XXI, esse pensamento apresentou as teorias de IA e aprendizado de máquina. Essas teorias postulavam que o potencial da IA estava, em parte, em sua capacidade de escanear grandes conjuntos de dados para aprender modelos e padrões — agrupamentos de palavras encontradas juntas com frequência, ou recursos mais frequentemente presentes em uma imagem de um gato, por exemplo — e, em seguida, dar sentido à realidade ao identificar redes de similaridades e semelhanças com o que a IA já conhecia. Mesmo que a IA nunca fosse capaz de conhecer algo como a mente humana conhece, um acúmulo de correspondências entre os padrões da realidade poderia aproximar e, às vezes, até exceder o desempenho da percepção e da razão humanas.

O MUNDO ILUMINISTA — com seu otimismo em relação à razão humana, apesar de ter consciência das armadilhas da lógica humana falha — tem sido nosso mundo há muito tempo. As revoluções científicas, especialmente no século XX, colaboraram para a evolução da tecnologia e da filosofia, mas a premissa central do Iluminismo, de um mundo cognoscível sendo descoberto, passo a passo, por meio da mente humana, persistiu. Até agora. Ao longo de três séculos de descoberta e exploração, os humanos interpretaram o mundo conforme Kant previu: de acordo com a estrutura da mente humana. Conforme começaram a se aproximar dos limites de sua capacidade cognitiva, no entanto, eles recorreram a máquinas — computadores — para aumentar sua capacidade de reflexão e conseguir ultrapassar essas barreiras. Os computadores acrescentaram um reino digital ao reino físico a que os humanos estão acostumados. E conforme nos tornamos cada vez mais dependentes desse acréscimo digital, adentramos uma nova era; nela, a mente humana racional está cedendo seu lugar de destaque como a única exploradora, conhecedora e classificadora dos fenômenos do mundo.

Embora as conquistas tecnológicas da era da razão tenham sido bastante significativas, até recentemente, elas permaneceram esporádicas o suficiente para serem relacionadas com a tradição. As inovações foram consideradas extensões de práticas tradicionais: os filmes costumavam ser fotografias em movimento; os telefones, conversas através do espaço; e os automóveis, apenas carruagens em movimento mais rápido, na qual os cavalos foram substituídos por motores medidos pela "potência". Da mesma forma, na esfera militar, os tanques eram as antigas cavalarias sofisticadas; os aviões, a artilharia avançada; os navios de guerra, os fortes móveis; e os porta-aviões eram as antigas pistas de pouso móveis. Até mesmo as armas nucleares mantiveram uma relação com seu nome — *armas* — quando as potências nucleares organizaram suas forças da mesma forma como uma artilharia, enfatizando sua experiência anterior e seu conhecimento sobre a guerra.

Mas chegamos a um ponto de inflexão: não podemos mais conceber algumas de nossas inovações como extensões daquilo que já conhecemos. Ao reduzir o horizonte temporal no qual a tecnologia altera a experiência de vida dos humanos, a revolução digital e o avanço da IA produziram fenômenos novos, de fato, não apenas versões melhores ou mais eficientes do passado. À medida que os computadores se tornaram mais rápidos e menores, eles puderam ser incorporados a telefones, relógios, utilitários, eletrodomésticos, sistemas de segurança, veículos, armas — inclusive ao corpo humano. A comunicação entre esses sistemas digitais é praticamente instantânea nos dias de hoje. Tarefas que eram manuais há uma geração — como leitura, pesquisa, compras, discurso, arquivo de dados, vigilância, planejamento e conduta militar — hoje se tornaram digitais, são voltadas para dados e fazem parte de uma mesma esfera: a do ciberespaço.[16]

Todos os níveis da organização humana foram afetados pela digitalização: por meio dos computadores e telefones, os indivíduos têm à disposição (ou pelo menos podem acessar) mais informação do que nunca. Ao se tornarem coletoras e agregadoras de dados dos usuários, as empresas agora exercem mais poder e influência do que muitos Estados soberanos. Os governos, cautelosos em ceder o ciberespaço a países rivais, adentraram, exploraram e começaram a tirar vantagem dessa esfera, observando algumas regras e exercendo pouquíssimas restrições. Eles são rápidos em indicar o ciberespaço como uma esfera na qual devem inovar para prevalecer sobre os rivais.

Poucos entenderam por completo o que exatamente essa revolução digital gerou. A velocidade é parcialmente responsável por isso, assim como o fluxo. A digitalização, apesar de todas as muitas conquistas maravilhosas, fez com que o pensamento humano se tornasse menos contextual e menos conceitual. Os nativos digitais não sentem a necessidade (pelo menos não uma necessidade urgente) de desenvolver conceitos que, durante a maior parte da história, teriam compensado as limitações da memória coletiva. Eles podem (e o fazem) consultar os mecanismos de busca sobre o que quiserem saber, seja algo trivial, conceitual ou intermediário. Os mecanismos de busca, por sua vez, usam a IA para responder às consultas. Nesse processo, os humanos delegam à tecnologia aspectos relacionados à própria mente. A informação, porém, não é autoexplicativa; ela depende de um contexto. Para ser útil — ou pelo menos significativa —, ela precisa ser compreendida através das lentes da cultura e da história.

Quando a informação é contextualizada, ela se transforma em conhecimento. Quando o conhecimento incita as convicções, ele se transforma em sabedoria. Mas o que a internet faz é sobrecarregar os usuários com as opiniões de milhares, ou milhões, de outros usuários, privando-os da solidão necessária para se fazer uma reflexão historicamente embasada, que levou ao desenvolvimento de certas convicções. À medida que essa solidão diminui, acontece o mesmo com a perseverança — não apenas para desenvolver convicções, mas para ser fiel a elas, principalmente quando exigem a abertura de um caminho novo, muitas vezes solitário. Somente as convicções — combinadas com a sabedoria — permitem que as pessoas acessem e explorem novos horizontes.

O mundo digital tem pouca paciência com a sabedoria; seus valores são moldados por meio da aprovação, não da introspecção. Inerentemente, ele desafia a hipótese do Iluminismo de que a razão é o elemento mais importante da consciência. Ao anular restrições historicamente impostas à conduta humana pela distância, pelo tempo e pela linguagem, o mundo digital nos estende essa conexão significativa por si só.

Conforme a quantidade de informações disponíveis online explodiu, recorremos a programas de software para nos ajudar a classificá-las, filtrá-las, avaliá-las com base em padrões e nos orientar com relação às respostas às nossas perguntas. A introdução da IA — que completa a frase que estamos digitando no teclado, identifica o livro ou a loja que estamos procurando e que "intui" produtos e lojas dos quais podemos gostar com base em nosso comportamento anterior —, muitas vezes, parece mais banal do que revolucionária. Mas à medida que a IA está sendo aplicada a outros elementos de nossa vida, está alterando o papel que nossa mente tradicionalmente desempenhava na formação, na ordenação e na avaliação de nossas escolhas e ações.

CAPÍTULO 3

DE TURING À ATUALIDADE — E ALÉM

EM 1943, QUANDO os pesquisadores criaram o primeiro computador moderno — eletrônico, digital e programável —, essa conquista trouxe uma nova urgência em refletir sobre algumas questões intrigantes: as máquinas conseguem pensar? Elas são inteligentes? Elas poderiam se tornar inteligentes? Essas questões pareciam especialmente incômodas, considerando os dilemas de longa data sobre a natureza da inteligência. Em 1950, Alan Turing, matemático e decifrador de códigos, ofereceu uma solução. Em um artigo discretamente intitulado "Máquinas de Computação e a Inteligência", Turing sugeriu deixar totalmente de lado o problema da inteligência de máquina. Segundo ele, o que importava não era o mecanismo, mas a *manifestação* da inteligência.

Ele explicou que, como continuamos sem saber como funciona a mente de outros seres, nosso único meio de avaliar a inteligência deveria ser seu comportamento exterior. Por meio desse insight, Turing evitou séculos de debate filosófico sobre a natureza da inteligência. O "jogo da imitação" que ele introduziu propunha que, se uma máquina operasse de maneira tão proficiente a ponto de os observadores não conseguirem distinguir o comportamento dela do comportamento de um humano, a máquina deveria ser rotulada como inteligente.

Assim nasceu o teste de Turing.[1]

Muitos interpretaram o teste de Turing de maneira literal, imaginando robôs se passando por pessoas (se isso fosse possível) ao atenderem a seus critérios. Quando aplicado de maneira pragmática, no entanto, o teste provou ser útil para avaliar o desempenho de máquinas "inteligentes" em atividades definidas e restritas, como os jogos. Em vez de exigir uma completa indistinção dos humanos, o teste se aplica a máquinas cujo desempenho é *semelhante* ao de um humano. Dessa forma, ele está focando o desempenho, não o processo. Geradores como a GPT-3 são uma IA porque produzem um texto semelhante ao de seres humanos, e não por causa das especificidades de seus modelos — no caso da GPT-3, o fato de ter sido treinada usando uma grande quantidade de informações (online).

Em 1956, o cientista da computação John McCarthy definiu a inteligência artificial como "máquinas que são capazes de realizar tarefas características da inteligência humana". Desde então, as análises de Turing e de McCarthy sobre a IA tornaram-se referências e mudaram nosso foco da definição de inteligência para a definição de desempenho (*comportamento* que aparenta inteligência), em vez das dimensões filosóficas, cognitivas ou neurocientíficas mais profundas do termo.

Embora, no último meio século, as máquinas tenham falhado em demonstrar tal inteligência, esse impasse parece estar chegando ao fim. Os computadores passaram décadas operando com base em códigos definidos com precisão, portanto produziram análises que eram igualmente limitadas quanto à rigidez e à natureza estática. Programas tradicionais conseguem organizar volumes de dados e executar cálculos complexos, mas não são capazes de reconhecer imagens de objetos simples ou de se ajustar a entradas imprecisas. A natureza imprecisa e conceitual do pensamento humano provou ser um obstáculo inflexível no desenvolvimento da IA. Na última década, porém, as inovações na esfera da computação elaboraram IAs que começaram a se igualar às conquistas humanas nesses setores, quando não excedê-las.

As IAs são imprecisas, dinâmicas, emergentes e capazes de "aprender". Elas "aprendem" consumindo dados e, em seguida, ilustrando suas observações e conclusões a partir disso. Enquanto os sistemas anteriores exigiam entradas e saídas precisas, as IAs com função imprecisa não exigem nenhuma das duas. Em vez de apenas substituir palavra por palavra ao traduzir textos, elas identificam e empregam frases e padrões idiomáticos. Da mesma forma, uma IA como essas é considerada dinâmica, porque evolui em resposta a mudanças nas circunstâncias e, também, emergente, porque consegue identificar soluções que são novidade para os seres humanos. Uma máquina apresentar essas quatro qualidades é algo revolucionário!

Considere, por exemplo, o avanço do AlphaZero no mundo do xadrez. Os programas de xadrez clássicos dependiam da experiência humana, que era desenvolvida por meio de um jogo entre humanos, para, então, serem programados e receberem esses códigos. O AlphaZero, no entanto, desenvolveu habilidades sozinho ao jogar milhões de partidas contra si mesmo e, por meio destas, descobriu padrões para si mesmo.

Os blocos de construção dessas técnicas de "aprendizado" são algoritmos, uma série de etapas para traduzir entradas (como as regras de um jogo ou medidas de qualidade de movimentos de acordo com essas regras) em saídas repetíveis (como ganhar o jogo). Os algoritmos de aprendizado de máquina, no entanto, representam um desvio da precisão e previsibilidade dos algoritmos clássicos, incluindo aqueles em cálculos como os de uma divisão longa. Ao contrário dos algoritmos clássicos, que consistem em etapas para gerar resultados precisos, os algoritmos de aprendizado de máquina consistem em etapas para melhorar resultados imprecisos. Essas técnicas estão fazendo progressos extraordinários.

Outro exemplo é a aviação. Em breve a IA estará pilotando ou copilotando diversos veículos aéreos. Em simulações de combate aéreo AlphaDogfight do programa DARPA, os pilotos de caça humanos já perdem para as IAs, que executam manobras além da capacidade dos humanos. Seja pilotando jatos em combates de guerra ou drones de serviço de entrega, a IA está pronta para causar um impacto significativo no futuro da aviação militar e civil.

Embora estejamos assistindo apenas ao início dessas inovações, elas já mudaram sutilmente a configuração da experiência humana. Nas próximas décadas, essa tendência só vai aumentar.

Os conceitos tecnológicos que impulsionam a transformação da IA são tanto complexos quanto importantes. Por isso, neste capítulo, explicaremos a evolução e o estado atual de diversos tipos de aprendizado de máquina e, também, seu uso — ambos surpreendentemente poderosos e inerentemente limitados. É fundamental apresentar uma introdução básica à sua estrutura, suas capacidades e limitações, para entender as mudanças sociais, culturais e políticas que as IAs já provocaram, bem como as mudanças que elas possivelmente produzirão no futuro.

A EVOLUÇÃO DA IA

A humanidade sempre sonhou em ter um ajudante — uma máquina capaz de realizar tarefas com a mesma competência que um humano. Na mitologia grega, Hefesto, o deus dos ferreiros, inventou robôs capazes de realizar tarefas humanas, como o gigante Talos, feito de bronze, que patrulhava as margens de Creta e protegia a cidade de invasões. Luís XIV, da França, no século XVII, e Frederico, o Grande, da Prússia, no século XVIII, nutriam um fascínio por autômatos mecânicos e supervisionavam a construção de protótipos. Na realidade, porém, projetar uma máquina e torná-la capaz de realizar atividades úteis — mesmo com o advento da computação moderna — provou ser terrivelmente difícil. O principal desafio, ao que parece, é como — e o que — ensinar a ela.

As primeiras tentativas de desenvolver IAs úteis na prática transformaram, de maneira explícita, a experiência humana — por meio de um conjunto de regras ou fatos — em códigos de sistemas de computador. Porém, grande parte do mundo não é organizada de maneira discreta ou facilmente redutível a regras simples ou a representações simbólicas. Enquanto em áreas que usam uma caracterização precisa a IA fez grandes avanços — como o xadrez, a manipulação algébrica e a automação de processos de negócios —, em outras, como a tradução de idiomas e o reconhecimento visual de objetos, a ambiguidade própria da IA interrompeu seu progresso.

Os desafios do reconhecimento visual de objetos ilustram as deficiências desses primeiros programas. Mesmo crianças pequenas conseguem reconhecer imagens com facilidade, mas as primeiras gerações de IA não conseguiram. Inicialmente, os programadores tentaram filtrar as características distintivas de um objeto em uma representação simbólica. Por exemplo, para ensinar a IA a reconhecer a imagem de um gato, seus desenvolvedores criaram representações abstratas das diversas características de um gato idealizado — bigodes, orelhas pontudas, quatro patas, um corpo peludo. Mas os gatos estão longe de ser algo estático: eles podem rolar no chão, correr e se esticar, além de apresentarem tamanhos e cor de pelagem variados. Na prática, a abordagem de formular modelos abstratos e, em seguida, tentar combiná-los com entradas altamente variáveis provou ser virtualmente impraticável.

Como esses sistemas formais e inflexíveis só foram bem-sucedidos em esferas cujas tarefas podiam ser realizadas com sucesso por meio da codificação de regras claras, desde o final dos anos 1980 até os anos 1990, o setor entrou em um período conhecido como "inverno da IA". Aplicada a tarefas mais dinâmicas, a IA provou ser frágil ao produzir resultados que falharam no teste de Turing — ou seja, que não alcançaram ou não imitaram o desempenho humano. Como as aplicações de tais sistemas eram limitadas, parte do financiamento de P&D foi cortado e os testes progrediram mais lentamente.

Então, na década de 1990, aconteceu um avanço. A essência da IA é a execução de tarefas — a construção de máquinas capazes de elaborar e executar soluções de qualidade para problemas complexos. Os pesquisadores perceberam que era necessária uma nova abordagem que permitisse que as máquinas aprendessem por conta própria. Em suma, ocorreu uma mudança conceitual: passamos de tentar codificar insights filtrados de humanos em máquinas para delegar o próprio processo de aprendizado às máquinas.

Na década de 1990, um grupo de pesquisadores renegados deixou de lado muitas das hipóteses da era anterior, mudando o foco para o aprendizado de máquina. Embora ele datasse da década de 1950, novos avanços permitiram aplicações práticas para o aprendizado de máquina. Os métodos que funcionaram melhor na prática extraem padrões de grandes conjuntos de dados usando redes neurais. Em termos filosóficos, os pioneiros da IA abandonaram o foco inicial do Iluminismo de reduzir o mundo a regras mecanicistas para construir algo mais próximo da realidade. Eles perceberam que, para reconhecer a imagem de um gato, uma máquina tinha que "aprender" uma série de representações visuais de gatos, observando o animal em diversos contextos. Para permitir o aprendizado de máquina, o que importava era a sobreposição de várias representações de uma coisa, não apenas seu ideal — em termos filosóficos, trata-se de Wittgenstein, não de Platão. Assim nasceu o setor moderno de aprendizado de máquina — programas que aprendem por meio da experiência.

A IA MODERNA

A partir de então, seguiram-se progressos significativos. Nos anos 2000, no setor do reconhecimento visual de objetos, quando os programadores desenvolveram IAs para aprender por meio de um conjunto de imagens de um objeto — algumas das quais continham o objeto, outras não — e representar uma imagem aproximada dele, as IAs reconheceram os objetos de maneira muito mais efetiva do que seus predecessores codificados.

A IA usada para identificar a halicina representa o cerne do processo de aprendizado de máquina. Quando os pesquisadores do MIT projetaram um algoritmo de aprendizado de máquina para prever as propriedades antibacterianas das moléculas, treinando o algoritmo por meio de um conjunto de dados de mais de duas mil moléculas, o resultado foi algo que nenhum algoritmo convencional — e nenhum humano — poderia ter conseguido. Os humanos não só não entendem as conexões que a IA revelou entre as propriedades de um composto e suas capacidades antibióticas, mas, ainda mais fundamentalmente, as propriedades não são passíveis de serem expressas como regras. Um algoritmo de aprendizado de máquina que aprimora um modelo baseado em dados subjacentes, no entanto, é capaz de reconhecer afinidades que iludiram os humanos.

Conforme observado anteriormente, essa IA é imprecisa, pois não requer uma relação predefinida entre uma propriedade e um efeito para reconhecer uma relação parcial. Ela pode, por exemplo, selecionar candidatos altamente prováveis de um conjunto maior de possíveis candidatos. Esse recurso apreende um dos elementos fundamentais da IA moderna. Ao usar o aprendizado de máquina para criar e ajustar modelos com base no feedback do mundo real, a IA moderna consegue aproximar resultados e analisar ambiguidades que travariam os algoritmos clássicos. Da mesma forma que um algoritmo clássico, um algoritmo de aprendizado de máquina consiste em uma sequência de etapas bem definidas. Mas essas etapas não geram um resultado específico de maneira direta, como em um algoritmo clássico. Em vez disso, os algoritmos modernos de IA medem a qualidade dos resultados e fornecem os meios para aprimorar esses resultados, permitindo que sejam apreendidos em vez de especificados diretamente.

As *redes neurais*, inspiradas (mas, devido à complexidade, não totalmente padronizadas) na estrutura do cérebro humano, estão impulsionando a maioria desses avanços. Em 1958, o pesquisador do Laboratório Aeronáutico de Cornell, Frank Rosenblatt, teve uma ideia: para codificar informações, seria possível que os cientistas desenvolvessem um método semelhante ao método do cérebro humano, que codifica informações conectando aproximadamente 100 bilhões de neurônios por meio de quatrilhões — 10^{15} — de sinapses? Ele decidiu tentar: projetou uma rede neural artificial que codificava as ligações entre "nós" (análogos aos neurônios) e pesos numéricos (análogos às sinapses). São redes na medida em que codificam informações usando uma estrutura de nós — e as ligações entre esses nós — na qual os pesos designados representam a força das ligações entre os nós. Por décadas, a falta de poder computacional e de algoritmos sofisticados retardou o desenvolvimento de todas as redes neurais, exceto as rudimentares. Avanços em ambos os setores, no entanto, libertaram os desenvolvedores de IAs dessas restrições.

No caso da halicina, uma rede neural capturou a associação entre as moléculas (as entradas) e seu potencial para inibir o crescimento bacteriano (as saídas). A IA que descobriu a halicina fez isso sem nenhuma informação sobre como funcionam os processos químicos ou quais são as funções de determinados medicamentos, apenas descobrindo relações entre as entradas e as saídas por meio de aprendizado profundo, que mostrou que as camadas da rede neural que estão mais próximas da entrada tendem a refletir aspectos desta, enquanto as camadas mais afastadas tendem a refletir generalizações mais amplas, que podem ser da saída desejada.

O aprendizado profundo permite que as redes neurais capturem relações complexas, como aquelas entre a eficácia dos antibióticos e os aspectos da estrutura molecular refletidos nos dados de treinamento (peso atômico, composição química, tipos de ligações, entre outros). Essa teia permite que a IA capture ligações complexas, incluindo aquelas que podem enganar os humanos. À medida que a IA recebe novos dados em sua fase de treinamento, ela ajusta os pesos em toda a rede. Portanto, a precisão da rede depende tanto do volume quanto da qualidade dos dados por meio dos quais ela recebe o treinamento. Conforme a rede recebe mais dados e é composta de mais camadas, os pesos começam a capturar as ligações com mais precisão. As redes profundas atuais geralmente apresentam cerca de dez camadas.

No entanto, o treinamento de redes neurais consome muitos recursos. Esse processo requer poder computacional substancial e algoritmos complexos para analisar e ajustar a grandes quantidades de dados. Ao contrário dos humanos, a maioria das IAs não consegue, simultaneamente, treinar e executar uma tarefa. Em vez disso, elas dividem seu esforço em duas etapas: *treinamento* e *inferência*. Durante a fase de treinamento, os algoritmos de medição e aprimoramento da qualidade da IA avaliam e alteram seu modelo para obter resultados de qualidade. No caso da halicina, essa foi a fase em que a IA identificou ligações entre as estruturas moleculares e os efeitos de antibióticos com base nos dados da série de treinamento. Então, na fase de inferência, os pesquisadores encarregaram a IA de identificar antibióticos que seu modelo recém-treinado previu que teriam um forte efeito antibiótico. Ao final, a IA não usou o raciocínio humano para chegar a conclusões; ela aplicou o modelo que desenvolveu.

DIFERENTES TAREFAS, DIFERENTES ESTILOS DE APRENDIZADO

Como a aplicação da IA varia de acordo com as tarefas que ela executa, as técnicas que os desenvolvedores usam para criar essas IAs também devem variar. Este é um desafio fundamental da implantação do aprendizado de máquina: objetivos e funções diferentes exigem técnicas de treinamento diferentes. É da combinação de vários métodos de aprendizado de máquina — especialmente o uso de redes neurais — que surgem novas possibilidades, como IAs capazes de detectar um câncer.

Até o momento da escrita deste livro, três formas de aprendizado de máquina são dignas de nota: aprendizado supervisionado, aprendizado não supervisionado e aprendizado reforçado. O aprendizado supervisionado gerou a IA que descobriu a halicina. Para recapitular, quando os pesquisadores do MIT quiseram identificar novos antibióticos em potencial, eles usaram um banco de dados de duas mil moléculas para treinar um modelo no qual a estrutura molecular era a entrada e a eficácia do antibiótico era a saída. Os pesquisadores apresentaram as estruturas moleculares à IA, cada uma rotulada de acordo com sua eficácia antibiótica. Então, quando foi feita a combinação de novos dados, a IA estimou a eficácia do antibiótico.

Essa técnica é chamada de aprendizado supervisionado porque os desenvolvedores de IA usaram um conjunto de dados contendo entradas de exemplo (nesse caso, estruturas moleculares), que foram rotuladas individualmente de acordo com a saída ou o resultado desejado (nesse caso, a eficácia como antibiótico). Os desenvolvedores usaram técnicas de aprendizado supervisionado para diversos propósitos, como criar IAs que reconhecem imagens. Para essa tarefa, as IAs treinam em um conjunto de imagens pré-rotuladas e aprendem a associar uma imagem ao respectivo rótulo — por exemplo, a imagem de um gato com o rótulo "gato". Após aprender a codificar a relação entre imagens e rótulos, as IAs são capazes de identificar corretamente novas imagens. Portanto, quando os desenvolvedores têm um conjunto de dados que indica uma saída desejada para cada conjunto de entradas, o aprendizado supervisionado provou ser uma maneira particularmente eficaz de criar um modelo que consegue prever saídas em resposta a novas entradas.

No entanto, em situações nas quais os desenvolvedores têm apenas uma grande quantidade de dados, eles podem empregar o aprendizado não supervisionado para extrair insights potencialmente úteis. Graças à internet e à digitalização das informações, empresas, governos e pesquisadores conseguem acesso a uma enorme quantidade de dados, acessando-os com mais facilidade do que no passado. Os profissionais de marketing têm mais informações sobre clientes; os biólogos têm mais dados de DNA; e os banqueiros, mais registros de transações financeiras. O aprendizado não supervisionado é útil quando os profissionais de marketing querem identificar sua base de clientes ou quando os analistas de fraude buscam possíveis inconsistências entre as transações, pois permite que as IAs identifiquem padrões ou anomalias sem ter nenhuma informação sobre os resultados. Nesse tipo de aprendizado de máquina, os dados de treinamento contêm apenas entradas. Em seguida, os programadores encarregam o algoritmo de aprendizado de gerar agrupamentos com base em algum peso especificado para medir o grau de similaridade. Por exemplo, serviços de streaming de vídeo, como a Netflix, usam algoritmos para identificar grupos de clientes com hábitos de visualização semelhantes para lhes recomendar novos streamings. No entanto, ajustar esses algoritmos pode ser bastante complexo: como a maioria das pessoas tem interesses diversos, elas geralmente são inseridas em muitos grupos.

As IAs treinadas por meio de aprendizado não supervisionado conseguem identificar padrões que os humanos podem deixar passar, devido à sutileza de cada padrão, à escala dos dados ou a ambas as coisas. Como essas IAs são treinadas sem especificação em relação a resultados "adequados", elas são capazes de elaborar — algo não muito diferente de um humano autodidata — insights surpreendentemente inovadores. Porém tanto o humano autodidata quanto elas podem produzir resultados excêntricos e sem sentido.

Tanto no aprendizado não supervisionado quanto no supervisionado, as IAs usam principalmente dados para realizar tarefas como descobrir tendências, identificar imagens e fazer previsões. Ao olhar além da análise de dados, os pesquisadores buscaram treinar IAs para operar em ambientes dinâmicos. Foi assim que nasceu uma terceira forma importante de aprendizado de máquina: o aprendizado reforçado.

No aprendizado reforçado, a IA não é passiva, não identifica ligações entre os dados. Em vez disso, ela age como um "agente" em um ambiente controlado, observando e registrando as respostas às suas ações. Em geral, são versões simuladas e simplificadas da realidade, sem as complexidades do mundo real. É mais fácil simular com precisão o funcionamento de um robô em uma linha de montagem do que no caos de uma rua movimentada da cidade. Mas mesmo em um ambiente simulado e simplificado, como uma partida de xadrez, um único movimento pode desencadear uma cascata de oportunidades e riscos. Ou seja, direcionar uma IA para treinar com autonomia em um ambiente artificial tende a ser insuficiente quando o objetivo é apresentar o melhor desempenho. O feedback é necessário!

Fornecer esse feedback é uma tarefa da função de recompensa, indicando à IA que sua abordagem foi bem-sucedida. Nenhum humano seria capaz de exercer esse papel efetivamente, pois, ao rodar em processadores digitais, as IAs conseguem treinar a si mesmas centenas, milhares ou bilhões de vezes em um período de horas ou dias, o que torna o feedback humano direto completamente impraticável. Em vez disso, os programadores automatizam essas funções de recompensa, especificando cuidadosamente como ela opera e a natureza de como ela simula a realidade. O ideal seria o simulador fornecer uma experiência realista e a função de recompensa estimular decisões eficazes.

O simulador do AlphaZero era direto: ele jogava contra si mesmo. Então, para avaliar seu desempenho, ele empregava uma função de recompensa[2] que pontuava seus movimentos com base nas oportunidades que criavam. O aprendizado reforçado requer o envolvimento humano na elaboração do ambiente de treinamento da IA (mesmo que não seja na função de dar feedback direto durante o treinamento em si): os humanos definem um simulador e uma função de recompensa, e a IA treina a si mesma com base nisso. Para gerar resultados significativos, a especificação cuidadosa do simulador e da função de recompensa é vital.

O PODER DO APRENDIZADO DE MÁQUINA

Com base nesses poucos blocos de construção, surgem inúmeras aplicações. Na agricultura, a IA está facilitando a administração precisa do uso de pesticidas, a detecção de doenças e a previsão do rendimento das colheitas. Na medicina, está facilitando a descoberta de novos medicamentos, a identificação de novas aplicações de medicamentos existentes e a detecção ou previsão de doenças futuras. (No momento em que este livro foi escrito, a IA detectou um câncer de mama mais cedo do que médicos humanos ao conseguir identificar indicadores radiológicos sutis; ela detectou a retinopatia, uma das principais causas de cegueira, apenas ao analisar fotos da retina; previu a hipoglicemia em pessoas diabéticas por meio da análise de históricos médicos; e detectou outras condições hereditárias ao analisar códigos genéticos.) Em finanças, a IA está equipada para facilitar processos que geram um grande volume de trabalho: a aprovação (ou a recusa) de empréstimos, aquisições, fusões, declarações de falência, entre outras transações.

Em outros setores, a IA está facilitando a transcrição e a tradução — de certa forma, o exemplo mais convincente de todos. Por milênios, a humanidade tem sido desafiada pela incapacidade das pessoas de se comunicarem claramente em virtude das diferenças culturais e linguísticas. A incompreensão mútua e a impossibilidade de acesso a informações em um idioma para um falante de outro têm causado mal-entendidos, impedido o comércio e fomentado a guerra. Na história da Torre de Babel, isso é símbolo da imperfeição humana — e uma punição amarga para a arrogância humana. Agora, ao que parece, a IA está pronta para disponibilizar recursos poderosos de tradução para um público amplo, com a possibilidade de permitir que mais pessoas se comuniquem mais facilmente umas com as outras.

Até a década de 1990, os pesquisadores tentaram elaborar programas de tradução de idiomas baseados em regras. Embora os esforços deles tenham obtido algum sucesso em ambientes laboratoriais, no mundo real eles não conseguiram gerar bons resultados. Como a linguagem é variável e repleta de sutilezas, suas características não podem ser reduzidas a regras simples. Tudo isso mudou quando, em 2015, os desenvolvedores começaram a aplicar redes neurais profundas a esse problema. Assim, a tradução automática teve um grande avanço. Seu aprimoramento, no entanto, não derivou apenas da aplicação de redes neurais ou técnicas de aprendizado de máquina. Ele surgiu, em vez disso, de aplicações novas e criativas dessas abordagens. Tais desenvolvimentos ressaltam um ponto-chave: com base nos blocos básicos de aprendizado de máquina, os desenvolvedores têm a capacidade de continuar inovando de maneiras brilhantes, desbloqueando novas IAs nesse processo.

Para traduzir um idioma para outro, um tradutor precisa enxergar padrões específicos: dependências sequenciais. As redes neurais de referência conseguem distinguir padrões de associação entre entradas e saídas, como as séries de propriedades químicas que esses antibióticos normalmente apresentam. Mas essas redes, sem modificação, não capturam dependências sequenciais, como a probabilidade de uma palavra aparecer em determinada posição em uma frase como complemento se forem dadas as palavras que a antecedem. Por exemplo, se uma frase começa com as palavras "Fui passear com o", é muito mais provável que a palavra que complementará a frase seja *cachorro* do que *gato* ou *avião*. Para capturar essas dependências sequenciais, os pesquisadores criaram redes que usam como entrada não apenas o texto que ainda será traduzido, mas também o que já foi traduzido. Dessa forma, a IA consegue identificar a palavra que complementa a frase com base nas dependências sequenciais do idioma de entrada *e* do idioma para o qual o texto está sendo traduzido. A mais poderosa dessas redes são os *transformadores*, que não precisam processar a linguagem da esquerda para a direita. O BERT, do Google, por exemplo, é um transformador bidirecional projetado para melhorar a busca.

Além disso, em uma mudança considerável do aprendizado supervisionado convencional, os pesquisadores de tradução de idiomas empregaram a técnica "corpora paralelos", na qual não é necessário ter a correspondência específica entre as entradas e saídas dos textos (por exemplo, o significado entre textos em dois ou mais idiomas) para o treinamento. Nas abordagens convencionais, os desenvolvedores treinavam a IA usando textos e suas traduções preexistentes

— afinal, eles tinham o nível necessário de correspondência entre um idioma e outro. Essa abordagem, no entanto, limitou muito a quantidade de dados de treinamento, bem como os tipos de texto disponíveis: embora textos de documentos de autoria governamental e os livros best-sellers sejam os mais traduzidos, periódicos, mídias sociais, sites e outros textos informais geralmente não são.

Em vez de restringir as IAs ao treinamento em textos cuidadosamente traduzidos, os pesquisadores simplesmente disponibilizaram artigos e outros textos em diversos idiomas que tratavam do mesmo assunto sem se preocuparem com a diferença de detalhes na tradução entre eles. Esse processo de treinar IAs em corpos de texto aproximadamente correspondentes — e sem tradução — é a técnica de corpora paralelos. É como passar de uma aula introdutória de determinado idioma para um programa de imersão total. O treinamento não é tão preciso, mas o volume de dados disponíveis é muito maior: os desenvolvedores podem incluir artigos de notícias, resenhas de livros e filmes, histórias de viagens e praticamente qualquer outra publicação formal ou informal sobre um assunto abordado por escritores em muitos idiomas diferentes. O sucesso dessa abordagem levou ao uso mais geral do aprendizado parcialmente supervisionado, no qual são usadas informações muito semelhantes ou parcialmente semelhantes para treinar.

Quando o Google Tradutor começou a empregar redes neurais profundas treinadas com a técnica corpora paralelos, seu desempenho melhorou em 60% — e continuou a melhorar desde então.

O avanço radical dos sistemas de tradução automática promete transformar os negócios, a diplomacia, a mídia, a área acadêmica, entre outras, à medida que as pessoas se envolvem com mais facilidade, rapidez e baixo custo do que nunca com idiomas que elas não conhecem ou não dominam.

É claro que a capacidade de traduzir textos e classificar imagens é uma coisa. E a capacidade de produzir — elaborar — novos textos, imagens e sons é outra. Até agora, as IAs que descrevemos são excelentes na identificação de soluções: uma vitória no jogo de xadrez, um possível candidato a novo medicamento, uma tradução boa o suficiente para ser usada. Mas outra técnica — as redes neurais generativas — consegue *criar*. Primeiro, as redes neurais generativas são treinadas usando texto ou imagens. Em seguida, elas produzem novos textos ou imagens — sintéticos, porém realistas. Para deixar claro: uma rede neural padrão consegue identificar a imagem de um rosto humano, mas uma rede *generativa* consegue criar uma imagem de um rosto humano que *parece* real. Conceitualmente, elas são um pouco diferentes de suas predecessoras.

As aplicações desses chamados geradores são impressionantes. Se forem bem aplicados à codificação ou à escrita, um autor de livros pode simplesmente elaborar um manuscrito e deixar que o gerador preencha os detalhes do texto. Um anunciante ou um cineasta poderia fornecer algumas imagens ou um storyboard a um gerador e deixar que a IA elabore um anúncio resumido ou um comercial. Mais preocupante do que isso é os geradores também poderem ser usados na elaboração de falsificações graves: representações falsas de pessoas — impossíveis de distinguir se são reais ou não — fazendo ou dizendo coisas que elas nunca fizeram ou disseram. Os geradores enriquecerão nosso espaço de informação, mas, se não forem supervisionados, provavelmente também borrarão a linha entre a realidade e a fantasia.

Uma técnica de treinamento bastante comum para a criação de uma IA generativa coloca duas redes com objetivos de aprendizado complementares uma contra a outra. Essas redes são chamadas de redes adversárias generativas, ou GANs (na sigla em inglês). O objetivo da rede *geradora* é criar potenciais saídas, enquanto o objetivo da rede *discriminadora* é evitar que sejam geradas saídas ruins. Por analogia, pode-se pensar que o gerador é aquele que tem a tarefa de elaborar um brainstorming e que o discriminador é aquele que tem a tarefa de avaliar quais ideias são relevantes e realistas. Na fase de treinamento, o gerador e o discriminador são treinados de maneira alternada, mantendo o gerador fixado para treinar o discriminador e vice-versa.

Essas técnicas não são perfeitas — o treinamento de GANs pode ser desafiador e, muitas vezes, produzir resultados ruins —, mas as IAs que elas criam podem alcançar feitos notáveis. Em sua forma mais comum, as IAs treinadas com GANs podem sugerir a conclusão de frases ao redigir e-mails ou permitir que os mecanismos de pesquisa concluam consultas parciais. Mais surpreendente ainda, as GANs podem ser usadas para desenvolver IAs que são capazes de preencher os detalhes do esboço de um código — ou seja, em breve, os programadores poderão fazer um esboço de um programa que desejam criar e, em seguida, entregá-lo a uma IA para que ela o conclua.

Atualmente, a GPT-3, que é capaz de produzir um texto semelhante ao texto humano (consulte o Capítulo 1), é uma das IAs generativas mais surpreendentes. Ela estende a abordagem que transformou a tradução de uma língua em *produção* textual em uma língua. Dadas algumas palavras, ela consegue "extrapolar" e produzir uma frase; ou dada uma frase de determinado assunto, ela consegue extrapolar e produzir um parágrafo inteiro sobre o assunto. Transformadores como a GPT-3 detectam padrões em elementos sequenciais, como um texto, permitindo que estes prevejam quais outros elementos provavelmente completarão o texto e o produzem. No caso da GPT-3, a IA consegue capturar as dependências sequenciais entre palavras, parágrafos ou códigos e produzir essas saídas.

Como os transformadores são treinados com grandes quantidades de dados extraídos principalmente da internet, eles também são capazes de transformar texto em imagens e vice-versa, de expandir e condensar descrições e executar tarefas semelhantes. Atualmente, a qualidade de uma saída da GPT-3 — e de IAs semelhantes — pode ser impressionante, mas pode variar muito. Às vezes, sua saída parece extremamente inteligente; em outras, porém, parece boba ou completamente ininteligível. No entanto, a função básica dos transformadores tem o potencial de alterar diversos setores, incluindo os criativos. Portanto, eles são objeto de considerável interesse à medida que os pesquisadores e desenvolvedores investigam seus pontos fortes, suas limitações e aplicações.

O aprendizado de máquina não apenas ampliou a aplicabilidade da IA, como também revolucionou a IA mesmo em setores nos quais as abordagens anteriores, como os sistemas simbólicos e sistemas baseados em regras, foram bem-sucedidas. Os métodos de aprendizado de máquina levaram a IA de derrotar especialistas humanos em xadrez a descobrir estratégias de xadrez completamente novas. E sua capacidade de descoberta não se limita aos jogos. Conforme mencionamos, a DeepMind construiu uma IA que foi bem-sucedida em reduzir os gastos com energia dos data centers do Google em 40% a mais do que seus inteligentíssimos engenheiros conseguiriam alcançar. Esse e outros avanços estão levando a IA além do que Turing imaginou em seu teste — desempenho indistinguível da inteligência humana —, para incluir o desempenho que excede os humanos, avançando, assim, as fronteiras da compreensão. Esses avanços nos fazem acreditar que a IA passará a lidar com novas tarefas que a tornem mais predominante e que, inclusive, permitirão que ela produza textos e códigos originais.

É claro que, sempre que uma tecnologia se torna mais potente ou predominante, os desafios que acompanham esse desenvolvimento também aumentam. A personalização da pesquisa — a função online que a maioria de nós usa com frequência — é só um exemplo. No Capítulo 1, ilustramos a diferença entre o resultado de uma pesquisa comum na internet e de uma pesquisa na internet executada por uma IA: é como ser exposto somente a roupas de grife disponíveis para compra e ser exposto a toda uma série de tipos de roupas. Uma IA permite gerar esse resultado — um mecanismo de busca que se adapta a um usuário de maneira individual — de duas maneiras: (1) após identificar consultas como "coisas para fazer em Nova York", uma IA consegue produzir *conceitos* como "caminhar no Central Park" e "assistir a um show na Broadway"; e (2) a IA pode se lembrar das coisas que foram buscadas antes e os conceitos que ela deu como resposta. Além disso, ela consegue armazenar esses conceitos em sua versão de memória e, ao longo do tempo, usar essa memória para criar conceitos cada vez mais específicos para seus usuários — e, teoricamente, cada vez mais úteis. Os serviços de streaming online fazem a mesma coisa — usam a IA para dar sugestões de programas de TV e filmes "mais" — mais focados, mais positivos ou mais qualquer coisa que as pessoas queiram. Isso pode ser empoderador. A IA pode fazer com que as crianças não acessem conteúdos adultos e, ao mesmo tempo, direcionar conteúdos apropriados para suas idades ou bases de referência. Ela pode, ainda, fazer com que não acessemos conteúdos violentos, explícitos ou ofensivos à nossa sensibilidade. Isso depende do que os algoritmos, após analisar as ações anteriores dos usuários, deduzem como preferências. Quanto mais a IA conhece as pessoas, mais positivo é o resultado que ela entrega — os assinantes dos serviços de streaming, por exemplo, tornam-se cada vez mais propensos a assistir a programas e filmes que lhes interessam, em vez de ofendê-los ou confundi-los.

Essa proposta de que a filtragem pode ajudar a conduzir para escolhas melhores já é bastante conhecida e prática. No mundo físico, os turistas que visitam países estrangeiros podem contratar guias para mostrar os locais históricos ou aqueles que apresentam um maior significado de acordo com suas religiões, nacionalidades ou profissões. A filtragem, no entanto, pode ser vista como um tipo de censura por omissão. Um guia pode evitar que eles caiam em favelas e em áreas onde a criminalidade é alta. Em um país autoritário, um guia pode servir como um "monitor do governo" e, assim, mostrar ao turista apenas o que o regime quer que ele veja. Mas, no ciberespaço, a filtragem é autorreforçada. Quando a lógica algorítmica personaliza a busca e o streaming passa a personalizar o consumo de notícias, livros ou outras fontes de informação, isso aumenta o acesso a determinados assuntos e fontes e, por necessidade prática, omite outros completamente. A consequência real da omissão é dupla: ela pode criar câmaras de eco particulares e, também, fomentar a discordância entre elas. O que uma pessoa consome (e, portanto, assume que reflete a realidade) será algo diferente do que uma segunda pessoa consome; e o que essa segunda pessoa consome será ainda mais diferente do que uma terceira pessoa consome — um paradoxo de que falaremos mais adiante, no Capítulo 6.

Gerenciar os riscos que a IA cada vez mais predominante representará é uma tarefa que deve ser realizada de maneira simultânea ao avanço do setor — e é uma das razões pela qual escrevemos este livro. Todos devemos prestar atenção aos riscos potenciais das IAs. Não podemos deixar que seu desenvolvimento ou sua aplicação fique nas mãos de um público qualquer, sejam pesquisadores, empresas, governos ou organizações da sociedade civil.

LIMITES E GERENCIAMENTO DA IA

Ao contrário das gerações anteriores de IA, nas quais as pessoas filtravam a compreensão da realidade de determinada sociedade por meio da codificação de um programa, as IAs de aprendizado de máquina contemporâneas estruturam por conta própria a realidade de maneira ampla. Embora os desenvolvedores possam examinar os resultados gerados por suas IAs, estas não sabem “explicar” como ou o que aprenderam da mesma forma como um humano o faz. Os desenvolvedores também não podem pedir a uma IA que ela caracterize o que aprendeu. Assim como acontece com os humanos, não é possível saber, de fato, o que foi aprendido e o porquê (embora os humanos consigam dar explicações ou justificativas que, até o momento em que escrevo este livro, a IA não consegue). Na melhor das hipóteses, só podemos observar os resultados que uma IA gera após concluir seu treinamento. Dessa forma, o que os humanos devem fazer é inverter a ordem das coisas. As pessoas — sejam elas pesquisadores ou auditores — devem verificar se a IA está gerando os resultados desejados após ela gerar algum resultado.

Às vezes, ao operar além dos limites da experiência humana e ser incapaz de formular conceitos ou dar explicações, a IA consegue gerar insights que são verdadeiros, mas além das fronteiras da compreensão humana (pelo menos atualmente). Quando as IAs fazem essas descobertas inesperadas, os humanos, por vezes, se encontram em uma posição semelhante à de Alexander Fleming, o médico bacteriologista que descobriu a penicilina. No laboratório dele, um fungo produtor da substância penicilina colonizou acidentalmente uma placa de Petri, matando as bactérias causadoras de doenças ali presentes e dando para Fleming pistas da existência desse composto poderoso e, até então, desconhecido. Na época, o conceito de antibiótico não existia, então a humanidade não entendia como a penicilina funcionava. Essa descoberta uniu esforços de um setor inteiro. As IAs geram insights igualmente surpreendentes — como identificar potenciais candidatos a novos medicamentos e novas estratégias para ganhar jogos —, entregando-os nas mãos dos humanos para que esses adivinhem sua importância; por cautela, é prudente que os humanos integrem esses insights ao conjunto de conhecimentos já existentes.

Além disso, a IA não tem a capacidade de refletir sobre sua descoberta. Ao longo de muitas eras, os humanos passaram por guerras e, então, refletiram sobre as lições tiradas delas, suas tristezas e seus extremos — desde o relato de Homero sobre Heitor e Aquiles nos portões de Troia, na *Ilíada*, até a pintura de Picasso, a *Guernica*, de vítimas civis na Guerra Civil Espanhola. A IA não consegue fazer isso e também não é capaz de sentir uma compulsão moral ou filosófica para fazê-lo. Ela simplesmente aplica seu método e gera um resultado, seja banal ou chocante, benigno ou maligno — de uma perspectiva humana. A IA não tem a capacidade de refletir; cabe aos humanos decidirem sobre a relevância das ações da IA. Eles têm, portanto, o dever de regular e monitorar a tecnologia.

A incapacidade da IA de contextualizar ou refletir como um humano torna seus desafios particularmente importantes. O software de reconhecimento de imagem do Google rotulou, erroneamente, imagens de pessoas como animais[3] e de animais como armas[4]. Esses erros estavam claros para qualquer humano, porém enganaram a IA. Elas não são só incapazes de refletir sobre algo, como também cometem erros — inclusive erros que qualquer ser humano consideraria rudimentares. E, enquanto os desenvolvedores trabalham continuamente a fim de eliminar falhas, a implantação das IAs geralmente acontece antes que os problemas sejam solucionados.

Esses erros de identificação derivam de diversas fontes. O viés do conjunto de dados é um problema. O aprendizado de máquina requer dados, sem os quais as IAs não conseguem aprender bons modelos. Um problema crítico é que, sem atenção cuidadosa, é mais provável que ocorram problemas de dados insuficientes para grupos sub-representados, como minorias raciais. Em particular, os sistemas de reconhecimento facial costumam ser treinados em conjuntos de dados com poucas imagens de pessoas negras, resultando em baixa precisão. Tanto a quantidade quanto a cobertura são importantes — treinar IAs com grandes quantidades de imagens altamente semelhantes resultará em redes neurais que estão incorretamente certas de um resultado porque não o encontraram antes. Em outras situações de alto risco, pode ocorrer uma falta de especificação semelhante a essa. Por exemplo, os conjuntos de dados para treinar veículos autônomos podem conter relativamente poucos exemplos de situações extraordinárias, como quando um animal invade a pista, deixando pouco especificado para a IA sobre como ela deve lidar com essa situação. Ainda assim, em tais situações, ela precisa operar em níveis máximos.

De maneira alternativa, o viés da IA pode ser resultado direto do viés humano — ou seja, seus dados de treinamento podem conter um viés inerente às ações humanas. Isso pode ocorrer na rotulagem de saídas para aprendizado supervisionado — a IA codificará qualquer identificação incorreta que o rotulador faça, seja ela deliberada ou inadvertida. Ou um desenvolvedor pode especificar incorretamente uma função de recompensa usada no treinamento reforçado. Imagine uma IA treinada para jogar xadrez em um simulador que supervaloriza um conjunto de lances preferidos por seu desenvolvedor. Como ele, essa IA aprenderá a preferir esses movimentos, mesmo que seja uma jogada ruim.

É claro que o problema do viés na tecnologia não se limita à IA. O oxímetro de pulso, que se tornou uma medida cada vez mais pertinente de duas métricas de saúde — de frequência cardíaca e de saturação de oxigênio — desde o início da pandemia de Covid-19, superestima a saturação de oxigênio em indivíduos de pele escura. Ao assumir que a forma como a pele clara absorve a luz é "normal", os desenvolvedores desse aparelho efetivamente assumiram que a forma como a pele escura absorve a luz é "anormal". O oxímetro de pulso não é executado por uma AI. Mas, ainda assim, ele não consegue atender a determinada parcela da população. Quando a IA é empregada, devemos procurar entender seus erros — não para perdoá-los, mas para corrigi-los. O preconceito aflige todos os aspectos da sociedade humana e, em todos os aspectos dessa sociedade, ele merece uma resposta séria.

Outra fonte de erro de identificação é a rigidez. Considere o caso de um animal ser erroneamente identificado como uma arma. A imagem engana as IAs, porque contém características sutis que os humanos não detectam, mas que as IAs conseguem detectar — e se confundem. A IA não apresenta o que chamamos de senso comum. Ocasionalmente, ela combina dois objetos que os humanos conseguem distinguir de maneira rápida e fácil. Muitas vezes, o que (e como) uma IA combina é algo inesperado — até porque, no momento em que este livro foi escrito, a rigidez dos sistemas de auditoria e submissão de IA é fraca. No mundo real, uma falha inesperada pode ser mais prejudicial, ou pelo menos mais desafiadora, do que uma falha esperada: a sociedade não consegue atenuar o que ela não pode prever.

A fragilidade da IA é um reflexo da superficialidade do que ela aprende. As associações entre os aspectos de entradas e saídas com base no aprendizado supervisionado ou reforçado são muito diferentes da real compreensão humana, com seus muitos graus de conceituação e experiência. Essa fragilidade também é um reflexo da falta de autoconsciência das IAs. Uma IA não tem essa sensibilidade. Ela não consegue identificar aquilo que não conhece. Dessa forma, não é capaz de identificar e evitar algo que, para os humanos, pode ser um erro óbvio. Essa incapacidade da IA de verificar erros claros por conta própria ressalta a importância de desenvolver testes que permitam aos humanos identificar os limites das capacidades de uma

IA, revisar as orientações que lhe foram propostas e prever quando ela provavelmente falhará.

Por isso, é fundamental desenvolver procedimentos para avaliar se uma IA funcionará conforme o esperado. Como o aprendizado de máquina impulsionará a IA no futuro próximo, os humanos permanecerão sem saber o que uma IA está aprendendo e como ela sabe o que aprendeu. Embora isso possa ser constrangedor, não deveria, pois geralmente o aprendizado humano é igualmente opaco. Muitas vezes, artistas e atletas, escritores e mecânicos, pais e filhos — na verdade, todos os humanos — agem com base na intuição; portanto, os humanos também são incapazes de articular o que ou como aprenderam. Para lidar com essa opacidade, as sociedades desenvolveram inúmeros programas, regulamentos e leis de certificação profissional. Técnicas semelhantes devem ser aplicadas às IAs; por exemplo, as sociedades podem permitir que uma IA seja empregada somente após os desenvolvedores terem demonstrado sua confiabilidade por meio de diversos testes. Desenvolver programas profissionais de certificação, gerenciamento de conformidade e supervisão para IAs — e a experiência em auditoria que será exigida para executar esses programas — será um projeto social extremamente importante.

Na indústria, o teste de pré-uso existe em uma escala. Os desenvolvedores de aplicativos costumam lançar programas no mercado e corrigir suas falhas em tempo real, enquanto as empresas aeroespaciais fazem o oposto: testam seus jatos religiosamente antes que um único cliente coloque os pés dentro dele. A variação entre esses sistemas depende de diversos fatores — o risco inerente a cada atividade, acima de tudo. À medida que as implantações de IA se multiplicam, esses mesmos fatores — risco inerente, supervisão regulatória, forças de mercado — provavelmente as distribuirão na mesma escala; porém as IAs que dirigem veículos serão submetidas a uma supervisão significativamente maior do que as IAs que alimentam plataformas de rede para entretenimento e interação, como o TikTok.

A divisão entre as fases de aprendizado e a inferência no aprendizado de máquina permite que um regime de teste como esse funcione. Quando uma IA aprende continuamente, mesmo enquanto opera, ela consegue desenvolver um comportamento inesperado ou indesejável, como Tay, o chatbot da Microsoft, fez em 2016. Na internet, Tay encontrou discursos de ódio e rapidamente começou a imitá-los, forçando seus criadores a desativá-lo. A maioria das IAs, no entanto, treina em uma fase distinta da fase operacional: os modelos apreendidos — os parâmetros de suas redes neurais — são estáticos quando saem do treinamento. Como a evolução de uma IA é interrompida após o treinamento, os humanos podem avaliar sua capacidade sem medo de desenvolver comportamentos inesperados e indesejados após concluir os testes. Ou seja, quando o algoritmo é corrigido, um veículo autônomo treinado para parar no sinal vermelho não pode "decidir", de repente, começar a executar essa ação. Essa propriedade possibilita testes e certificações mais abrangentes — os engenheiros podem avaliar o comportamento de uma IA autônoma em um ambiente seguro antes de integrá-la a um veículo, no qual um erro pode custar vidas. É claro que a imutabilidade não significa que uma IA não vá se comportar de maneira inesperada quando integrada a novos contextos; isso só significa que é possível realizar o pré-teste. A auditoria de conjuntos de dados fornece outra verificação de controle de qualidade: ao garantir que uma IA de reconhecimento facial treine em diversos conjuntos de dados ou que um chatbot treine com conjuntos de dados sem discurso de ódio, os desenvolvedores podem reduzir ainda mais o risco de que a IA falhe quando estiver operando.

Até o momento que escrevemos este livro, a IA era limitada por seu código de três maneiras. Primeiro, o código define os parâmetros das ações possíveis da IA. Esses parâmetros podem ser bastante amplos, permitindo uma gama substancial de autonomia e, portanto, de risco. Uma IA autônoma consegue frear, acelerar e virar, sendo que qualquer uma dessas ações pode causar uma colisão. No entanto, os parâmetros do código estabelecem alguns limites ao comportamento da IA. Embora o AlphaZero tenha desenvolvido novas estratégias de xadrez, não o fez quebrando as regras do jogo; ele não começou a mover os peões para trás, por exemplo. Ações fora dos parâmetros do código estão além do vocabulário da IA. Se o programador não inserir tal capacidade na programação da IA ou proibir explicitamente determinada ação, ela não conseguirá realizá-la. Em segundo lugar, a IA é limitada por sua função objetiva, que define e atribui o que deve ser otimizado. No caso do modelo que descobriu a halicina, a função objetiva era a relação entre as propriedades químicas das moléculas e o potencial antibiótico delas. Limitada por sua função objetiva, essa IA não conseguiria identificar moléculas que pudessem, por exemplo, ajudar a curar o câncer. Por fim, e mais obviamente, a IA só consegue processar as entradas que foi projetada para reconhecer e analisar. Sem a intervenção humana na forma de um programa auxiliar, uma IA de tradução não é capaz de avaliar imagens — os dados pareceriam sem sentido para ela.

Um dia, as IAs poderão escrever o próprio código. Por enquanto, os esforços para projetar essas IAs são incipientes e especulativos. Mesmo assim, no entanto, as IAs provavelmente não seriam autorreflexivas; elas ainda seriam definidas por suas funções objetivas. Elas podem escrever um código da mesma maneira que o AlphaZero joga xadrez: brilhantemente, porém sem a capacidade de refletir sobre isso ou desejar fazê-lo, apenas sendo estritamente fiel às regras.

O DESTINO DA IA

Os avanços nos algoritmos de aprendizado de máquina, combinados com o aumento de dados e de poder computacional, permitiram um rápido progresso na aplicação da IA, atraindo ideias criativas e muitos investimentos. A explosão no setor de pesquisa, desenvolvimento e comercialização de IAs, especialmente de aprendizado de máquina, é global, mas está mais concentrada principalmente nos Estados Unidos e na China.[5] Universidades, laboratórios, startups e conglomerados em ambos os países têm estado na vanguarda em se tratando de desenvolver e aplicar o aprendizado de máquina a cada vez mais problemas — com cada vez mais complexidade.

Dito isso, muitos aspectos da IA e do aprendizado de máquina ainda precisam ser desenvolvidos e compreendidos. A IA com aprendizado de máquina requer dados de treinamento substanciais. Estes, por sua vez, exigem uma infraestrutura de computação substancial, o que torna o retreinamento da IA inviável, caro, mesmo que seja desejável fazê-lo. Em virtude de os requisitos de dados e computação limitarem o desenvolvimento de IAs mais avançadas, criar métodos de treinamento que usem menos dados e menos poder computacional é uma necessidade crucial.

Além disso, apesar dos grandes avanços no aprendizado de máquina, atividades complexas que exigem a síntese de diversas tarefas continuam sendo um desafio para a IA. Dirigir um veículo, por exemplo, provou ser um desafio formidável, exigindo o desempenho de funções que vão desde a percepção visual até a navegação a fim de prevenir acidentes de maneira proativa, tudo simultaneamente. Embora tenha ocorrido um avanço significativo nesse setor na última década, as situações de tráfego com que os condutores lidam variam significativamente em termos de quão desafiador é alcançar os humanos em nível de desempenho. Atualmente, as IAs conseguem alcançar um bom desempenho em ambientes estruturados, como rodovias de acesso limitado e ruas suburbanas com poucos pedestres ou ciclistas. Operar em ambientes caóticos, como o trânsito de uma cidade na hora do rush, no entanto, continua sendo um desafio. Dirigir um veículo em rodovias é particularmente interessante porque, nesse ambiente, os condutores humanos geralmente ficam entediados e distraídos, sendo possivelmente mais seguro, portanto, usar as IAs para realizar viagens mais longas em um futuro não muito distante.

Prever a taxa de avanço da IA será difícil. Em 1965, o engenheiro Gordon Moore previu que o poder computacional dobraria a cada dois anos — uma previsão que se mostrou impressionantemente durável. No entanto, a IA progride de maneira muito menos previsível. A IA de tradução de idiomas estagnou por décadas e, então, por meio de uma confluência de técnicas e de poder computacional, ela avançou em um ritmo vertiginoso. Em apenas alguns anos, os humanos desenvolveram IAs com capacidade de tradução aproximada de um humano bilíngue. Não é possível prever com precisão quanto tempo a IA levará para atingir as qualidades de um tradutor profissional talentoso — se é que isso acontecerá.

Prever a rapidez com que a IA será aplicada aos demais setores é igualmente difícil. Mas podemos continuar a esperar aumentos dramáticos na capacidade desses sistemas. Quer esses avanços levem 5, 10 ou 25 anos, em algum momento eles ocorrerão. Os aplicativos de IA existentes se tornarão mais compactos, eficazes, baratos e, portanto, serão usados com mais frequência. A IA se tornará cada vez mais parte de nossa rotina, de forma visível e invisível.

É razoável esperar que, com o tempo, a IA progrida pelo menos tão rápido quanto o poder computacional, gerando um aumento de 1 milhão de vezes em quinze a vinte anos. Tal progresso permitirá a criação de redes neurais que, em escala, são iguais ao cérebro humano. Até o momento da escrita deste livro, os transformadores generativos detêm as maiores redes. A GPT-3 tem cerca de dez^{11} desses pesos. Mas, recentemente, a Academia de Ciências de Pequim, financiada pelo Estado, anunciou um modelo de linguagem generativa com dez vezes mais pesos do que a GPT-3. Isso ainda é 10^4 vezes menos do que as estimativas das sinapses do cérebro humano. No entanto, se os avanços continuarem a uma taxa de duplicação a cada dois anos, essa lacuna poderá diminuir em menos de uma década. É claro que escala não se traduz diretamente em inteligência. De fato, desconhecemos o nível de capacidade que uma rede sustentará. O cérebro de alguns primatas tem tamanho semelhante ou é até maior do que o cérebro humano, porém não exibe nada que se aproxime à perspicácia humana. Provavelmente, o desenvolvimento gerará IAs "eruditas" — programas capazes de exceder drasticamente o desempenho humano em áreas específicas, como áreas científicas avançadas.

O SONHO DA INTELIGÊNCIA ARTIFICIAL GERAL

Alguns desenvolvedores estão expandindo as fronteiras das técnicas de aprendizado de máquina para criar o que foi chamado de inteligência artificial geral (AGI). Assim como a IA, a AGI não tem uma definição precisa. No entanto, geralmente entende-se que a IA é capaz de completar qualquer tarefa intelectual das quais os humanos são capazes — em contraste com a IA "estreita" atual, que é desenvolvida para desempenhar uma tarefa específica.

Ainda mais do que para a IA atual, o aprendizado de máquina é fundamental para o desenvolvimento da AGI, embora limitações práticas possam restringir a extensão de sua experiência a um número discreto de áreas, assim como o ser humano mais completo ainda precisa se especializar. Um caminho possível para o desenvolvimento da AGI envolve treinar IAs tradicionais em diversos setores e, em seguida, combinar de maneira efetiva sua base de conhecimento em uma única IA. Essa AGI pode ser mais completa, capaz de realizar um conjunto mais amplo de atividades, e menos frágil, cometendo erros menos substanciais nos limites de sua experiência.

No entanto, cientistas e filósofos discordam sobre a possibilidade de existir uma AGI real e sobre as características a que ela estará vinculada. Se sua existência *for* possível, ela apresentará as habilidades de um humano médio ou do humano mais experiente em determinada área? De qualquer forma, mesmo que houvesse a possibilidade de desenvolver uma AGI dessa maneira — combinando IAs tradicionais, treinando-as restrita e intensamente e aglomerando-as de maneira gradual para desenvolver uma base mais ampla de conhecimento —, isso representaria um desafio inclusive para os pesquisadores mais bem financiados e mais sofisticados. O desenvolvimento dessas IAs exigiria um enorme poder computacional e sairia extremamente caro — com a tecnologia atual, custaria alguns bilhões; por isso, poucos poderiam se dar ao luxo de desenvolvê-las.

Independentemente disso, não é óbvio que o desenvolvimento de uma AGI alteraria de maneira significativa a trajetória que os algoritmos de aprendizado de máquina definiram para a humanidade. Os desenvolvedores humanos continuarão a desempenhar um papel importante no desenvolvimento e na operação do aprendizado de máquina — seja uma IA ou uma AGI. Os algoritmos, os dados de treinamento e os objetivos para o aprendizado de máquina são determinados pelas pessoas que desenvolvem e treinam a IA, portanto refletem os valores, as motivações, as metas e o julgamento dessas pessoas. Mesmo que as técnicas desse tipo de aprendizado se tornem mais sofisticadas, essas limitações continuarão a existir.

Quer a IA permaneça estreita ou se torne geral, ela se tornará mais predominante e potente. Dispositivos automatizados executados por IA estarão prontamente disponíveis à medida que os custos de desenvolvimento e de implantação diminuem. Em interfaces de conversação como a Alexa, a Siri e o Google Assistant, eles, de fato, já estão. Veículos, ferramentas e aparelhos serão cada vez mais equipados com IAs que automatizam suas atividades sob o gerenciamento e a supervisão de humanos. As IAs serão incorporadas a aplicativos em dispositivos digitais e na internet, orientando as experiências do consumidor e revolucionando as empresas. O mundo que conhecemos se tornará mais automático e interativo (entre humanos e máquinas), mesmo que não seja povoado por robôs multifuncionais, como mostram os filmes de ficção científica. Os resultados mais impressionantes que veremos serão vidas humanas sendo salvas. Veículos autônomos reduzirão as mortes por automóveis; outras IAs identificarão doenças mais cedo e com maior precisão. Outras, ainda, descobrirão medicamentos e métodos de distribuição de medicamentos de maneira a reduzir os custos de pesquisa — resultando, esperamos, no desenvolvimento de tratamentos para doenças persistentes e de cura para doenças raras. Aviadores habilitados por IA pilotarão ou copilotarão frotas de drones de serviço de entrega e, até mesmo, jatos de combate. Os codificadores habilitados por IA completarão esboços de programas desenvolvidos por humanos; os escritores habilitados por IA completarão anúncios concebidos por profissionais de marketing humanos. A eficiência do transporte e da logística sofrerá um aumento potencial drástico. A IA reduzirá o uso de energia e, provavelmente, encontrará outras maneiras de moderar o impacto dos humanos sobre o meio ambiente. Nas esferas da paz e da guerra, seus efeitos materiais serão surpreendentes.

Suas repercussões sociais, no entanto, são difíceis de prever. Considere a tradução de idiomas. A tradução universal da linguagem falada e do texto facilitará a comunicação como nunca antes. Isso impulsionará o comércio e permitirá um intercâmbio intercultural inigualável. Porém, essa nova habilidade também trará novos desafios. Assim como as mídias sociais não apenas possibilitaram a troca de ideias, mas também encorajaram a polarização, divulgaram a desinformação e disseminaram discursos de ódio, a tradução automática pode unir idiomas e culturas e ter efeitos explosivos. Durante séculos, os diplomatas administraram cuidadosamente o contato intercultural a fim de evitar ofensas acidentais; assim como a sensibilização cultural, muitas vezes, foi acompanhada de treinamento linguístico. A tradução instantânea elimina essas proteções. As sociedades podem começar a ofender umas às outras inadvertidamente. Será que as pessoas, contando com a tradução automática, farão menos esforço para tentar entender outras culturas e nações, aumentando sua tendência natural a enxergar o mundo através das lentes da própria cultura? Ou as pessoas podem ficar mais chocadas com as regras e os costumes de outras culturas? De alguma forma, a tradução automática pode refletir diferentes histórias e suscetibilidades culturais? Provavelmente não há uma resposta única a essas perguntas.

As IAs mais avançadas exigem um conjunto amplo de dados, um enorme poder computacional e técnicos qualificados. Não é de se surpreender que as organizações com mais acesso a esses recursos, tanto comerciais quanto governamentais, impulsionam grande parte da inovação nesse novo setor. E mais recursos fluem para os líderes dessas organizações. Dessa forma, um ciclo de concentração e avanço definiu a IA, moldando a experiência de pessoas, empresas e nações. A IA transformará nossa vida e o futuro de muitas áreas — da comunicação ao comércio, da segurança à própria consciência humana. Todos devemos garantir que ela não seja criada de maneira isolada — e devemos, portanto, prestar atenção tanto a seus benefícios quanto a seus riscos potenciais.

CAPÍTULO 4

PLATAFORMAS DIGITAIS GLOBAIS

Visões fictícias do futuro da tecnologia de IA tendem a apresentar como referência imagens de carros elegantes e totalmente automatizados e robôs sencientes que coexistem com humanos em casas e locais de trabalho, conversando com seus usuários e demonstrando ter uma inteligência espantosa. Inspiradas por essas cenas de ficção científica, as concepções populares do que é uma IA geralmente envolvem máquinas que desenvolvem uma aparente autoconsciência, levando-as, inevitavelmente, a compreender mal, recusar-se a obedecer ou, posteriormente, a se rebelarem contra seus criadores humanos. Mas a ansiedade por trás dessas fantasias bastante comuns torna essa questão confusa ao supor que o auge da IA será agir como indivíduos humanos. Seria melhor para nós se reconhecêssemos que já convivemos com a IA — muitas vezes, de maneiras não totalmente evidentes — e que ela está redirecionando nossa ansiedade tecnológica para incentivar uma maior compreensão e transparência em relação à integração da IA em nossa vida.

As mídias sociais, as pesquisas na web, o streaming de vídeo, a navegação, as caronas compartilhadas e os inúmeros outros serviços online não poderiam funcionar da forma como funcionam sem o uso extensivo e crescente da IA. Ao usar esses serviços online para as atividades básicas do dia a dia — para oferecer recomendações de produtos e serviços, selecionar rotas, fazer conexões sociais, chegar a insights ou obter respostas —, as pessoas ao redor do mundo estão participando de um processo mundano e revolucionário. Contamos com a IA para nos ajudar a realizar tarefas diárias sem necessariamente entender exatamente como ou por que ela está operando em determinado momento. Estamos formando novos tipos de relacionamentos que terão implicações substanciais para pessoas, organizações e nações — entre a IA e as pessoas, entre as pessoas que usam serviços facilitados pela IA e entre os criadores e operadores desses serviços e governos.

Sem fazer nenhum grande alarde — ou mesmo dar muita visibilidade —, estamos integrando a inteligência não humana à estrutura básica da atividade humana. Isso está se desenvolvendo rapidamente e está ligado a um novo tipo de entidade a que chamamos de "plataformas digitais": serviços digitais que agregam valor a seus usuários, reunindo um grande número deles, muitas vezes em escala transnacional e global. Em contraste com a maioria dos produtos e serviços, cujo valor para cada usuário é independente ou mesmo diminuído pela presença de outros usuários, o valor e a atratividade de uma plataforma digital aumentam à medida que outros usuários passam a usá-la — é um processo que os economistas rotulariam como um efeito de rede positivo. Ou seja, quanto mais usuários forem atraídos para plataformas selecionadas, maior será a tendência de essas aglomerações resultarem em um pequeno número de provedores oferecendo determinado serviço, cada um com uma grande base de usuários — às vezes de milhões, ou até bilhões. Essas plataformas digitais dependem cada vez mais da IA para produzir uma interseção entre humanos e IA em uma escala que sugere um evento de importância civilizacional.

À medida que a IA assume papéis cada vez maiores nas mais variadas plataformas digitais, as manifestações básicas nessas plataformas estão se tornando material para manchetes e manobras geopolíticas, moldando aspectos da realidade cotidiana das pessoas. Por não ter outros meios de explicar, discutir e supervisionar que sejam compatíveis com os valores de uma sociedade e conduzam a algum nível de consenso social e político, pode haver um desdobramento e ocorrer uma rebelião contra o advento de forças novas e aparentemente impessoais e inexoráveis — como aconteceu com a ascensão do Romantismo, no século XIX, e com a explosão de ideologias radicais no século XX. Antes que haja uma ruptura significativa, governos, operadores de plataformas digitais e usuários devem considerar a natureza de seus objetivos, as premissas e os parâmetros básicos de suas interações e o tipo de mundo que pretendem construir para o futuro.

Em menos de uma geração, as plataformas digitais mais bem-sucedidas formaram bases de usuários maiores do que as populações da maioria das nações e, até mesmo, de continentes inteiros. No entanto, a junção de grandes populações de usuários em plataformas digitais populares tem fronteiras mais difusas do que as da geografia política, e as plataformas digitais são operadas por partes com interesses que podem diferir dos interesses de uma nação. Os operadores dessas plataformas não pensam, necessariamente, em termos de prioridades governamentais ou estratégia nacional, principalmente se essas prioridades e estratégias entrarem em conflito com o atendimento a seus clientes. As plataformas digitais podem hospedar ou facilitar interações econômicas e sociais que superam (em número e escala) as da maioria dos países, apesar de não terem elaborado nenhuma política econômica ou social da mesma forma que um governo. Assim, embora funcionem como entidades comerciais, algumas delas estão se tornando agentes importantes na esfera geopolítica, em virtude de seu tamanho, da função que exercem e de sua influência na sociedade.

Muitas das plataformas digitais mais importantes têm origem nos Estados Unidos (Google, Facebook, Uber) ou na China (Baidu, WeChat, Didi Chuxing). Como resultado, elas procuram formar bases de usuários e parcerias comerciais em regiões onde estão localizados mercados comercial e estrategicamente significativos para Washington e Pequim. Essa dinâmica introduz novos fatores nos cálculos de política externa. A competição comercial entre plataformas digitais pode afetar a competição geopolítica entre governos — por vezes, até cobrindo a agenda diplomática. Isso é ainda mais complicado pelo fato de que as culturas e as estratégias corporativas dos operadores de plataformas digitais são frequentemente desenvolvidas para refletir as prioridades dos clientes e dos centros de pesquisa e tecnologia, ambos distantes das capitais nacionais.

Nos países em que operam, certas plataformas digitais se tornaram parte integrante da vida pessoal, do discurso político nacional, do comércio, da organização corporativa e, até mesmo, das funções governamentais. Seus serviços — mesmo aqueles que não existiam de forma alguma até pouco tempo — agora parecem indispensáveis. As plataformas digitais, por vezes, têm uma relação ambígua com regras e expectativas que foram amplamente desenvolvidas em um mundo pré-digital, como uma entidade sem um único precedente direto de eras anteriores.

A questão sobre como as plataformas digitais estabelecem normas comunitárias — as regras estabelecidas pelos operadores (geralmente administradas com a ajuda da IA) que ditam que tipo de conteúdo é permitido criar e compartilhar — nos dá um exemplo claro da incongruência entre o espaço digital moderno e as regras e expectativas tradicionais. Embora, em princípio, a maioria das plataformas digitais não tenha restrição de conteúdo, em algumas situações, suas normas comunitárias influenciam a sociedade tanto quanto as leis nacionais. O conteúdo que uma plataforma digital e sua IA permitem ou favorecem pode ganhar destaque rapidamente; o conteúdo que elas optam por não mostrar muito ou, por vezes, cuja exibição chegam até mesmo a proibir pode ser relegado ao esquecimento. Materiais que contenham desinformação ou que violam outras normas de conteúdo podem ser removidos de circulação pública definitivamente.

As plataformas digitais (e sua IA) se expandiram rapidamente em um mundo digital que transcende a geografia; portanto, questões como essas não demoraram a surgir. Essas plataformas conectam grandes grupos de usuários no espaço e no tempo — com dados sendo adicionados instantaneamente e ficando acessíveis para todos — de uma forma que poucas outras criações humanas conseguiram.[1] Para agravar ainda mais essa situação, uma vez que a IA foi treinada, ela normalmente age mais rápido do que a velocidade da cognição humana. Esses fenômenos não são propriamente positivos nem negativos; apenas são parte de uma realidade que é resultado da busca dos seres humanos por resolver seus problemas, satisfazer suas necessidades e criar uma tecnologia que sirva para seus fins. Estamos vivenciando e facilitando mudanças — no pensamento, na cultura, na política e no comércio — que exigem nossa atenção, muito além do escopo de uma única mente humana ou de um produto ou serviço específico.

Décadas atrás, quando o mundo digital começou a se expandir, não havia a expectativa de que seus criadores desenvolveriam, ou deveriam desenvolver, uma estrutura filosófica ou definir sua relação fundamental com interesses nacionais ou globais. Afinal, tais alegações geralmente não haviam sido feitas em outros setores. Em vez disso, a sociedade e os governos avaliaram os produtos e serviços digitais com relação ao que funcionou. Os engenheiros buscavam soluções práticas e eficientes — conectando usuários a informações e ambientes sociais online, passageiros a veículos e motoristas, e clientes a produtos. Todos estavam entusiasmados com as novas capacidades e oportunidades. Havia pouca demanda por previsões sobre como essas soluções virtuais podem afetar os valores e o comportamento de sociedades inteiras — por exemplo, os padrões de uso de veículos e o congestionamento no tráfego relacionados ao compartilhamento de caronas, ou os alinhamentos políticos e geopolíticos das instituições nacionais do mundo real com as mídias sociais.

Ainda mais recente é a criação das plataformas digitais habilitadas para IA. Com menos de uma década de desenvolvimento, até mesmo o vocabulário e os conceitos básicos para um debate informado sobre essa tecnologia ainda precisam ser estabelecidos. Essa é uma lacuna que este livro procura ajudar a preencher. Inevitavelmente, diversas pessoas, corporações, partidos políticos, organizações civis e governos terão visões diferentes de qual é a maneira mais adequada de operar e regulamentar as plataformas digitais capacitadas por IA. O que parece intuitivo para o engenheiro de software pode ser confuso para o líder político ou inexplicável para o filósofo. Aquilo que o consumidor considera conveniência, o oficial de segurança nacional pode enxergar como uma ameaça inaceitável ou o líder político pode rejeitar por estar em desacordo com os objetivos nacionais. O que uma sociedade pode abraçar como uma garantia bem-vinda, outra pode interpretar como uma perda de escolha ou de liberdade.

A natureza e a escala das plataformas digitais estão reunindo as perspectivas e as prioridades de diferentes realidades em alinhamentos complexos, às vezes criando tensão e confusão entre elas. Para que agentes individuais, nacionais e internacionais cheguem a conclusões fundamentadas sobre sua relação com a IA — e entre si —, devemos buscar um espectro de referência comum, começando por estabelecer termos para discussões políticas fundamentadas. Mesmo que cada um compreenda as plataformas digitais capacitadas por IA de maneira diferente, devemos procurar entender seu funcionamento, avaliando suas implicações para pessoas, empresas, sociedades, nações, governos e regiões. Devemos tomar atitudes com urgência em cada um desses níveis.

ENTENDENDO AS PLATAFORMAS DIGITAIS

As plataformas digitais são fenômenos fundamentalmente de grande escala. Uma das características definidoras dessas plataformas é que quanto mais pessoas elas atendem, mais útil e desejável elas se tornam para os usuários.[2] A IA está se tornando cada vez mais importante para as plataformas digitais que visam fornecer seus serviços em escala; o resultado disso é que, na atualidade, praticamente todo usuário da internet interage com uma IA diversas vezes ao dia, ou pelo menos com um conteúdo online configurado por uma IA.

O Facebook, por exemplo, assim como muitas outras redes sociais, desenvolveu normas comunitárias cada vez mais específicas para a remoção de conteúdo e de contas censuráveis e listou dezenas de categorias de conteúdo proibido no final de 2020. Como a plataforma tem bilhões de usuários mensais ativos e bilhões de visualizações diárias,[3] moderadores humanos não são capazes de monitorar sozinhos todo o conteúdo do Facebook devido à sua grande proporção. Apesar de o Facebook, supostamente, ter dezenas de milhares de pessoas trabalhando na moderação de conteúdo — com o objetivo de remover conteúdos ofensivos antes que os usuários os vejam —, sua proporção é tamanha que não pode ser alcançada sem uma IA. Essas necessidades de monitoramento no Facebook e em outras empresas impulsionaram uma extensa pesquisa e desenvolvimento a fim de automatizar a análise de textos e imagens, criando técnicas de aprendizado de máquina, processamento de linguagem natural e visão computacional cada vez mais sofisticadas.

No Facebook, o número atual de remoções está na ordem de cerca de 1 bilhão de contas falsas e postagens de spam por trimestre, bem como dezenas de milhões de conteúdos envolvendo nudez ou atividade sexual, bullying e assédio, exploração, discurso de ódio, drogas e violência. Para fazer essas remoções com precisão, muitas vezes é preciso haver a análise e o julgamento de um humano. Assim, na maioria das vezes, os operadores e usuários humanos do Facebook confiam na IA para determinar qual conteúdo precisa de revisão e qual pode ser consumido.[4] Embora apenas uma pequena fração das remoções seja contestada, as que são costumam ser removidas automaticamente.

A IA desempenha um papel igualmente significativo no mecanismo de pesquisa do Google; apesar de ser relativamente recente, encontra-se em rápida evolução. Originalmente, esse mecanismo contava com algoritmos bastante complexos e desenvolvidos por humanos para organizar, classificar e orientar os usuários e direcioná-los às informações que eles estavam buscando. Esses algoritmos equivaliam a um conjunto de regras sobre como lidar com possíveis consultas de usuários. Nos pontos em que os resultados não se mostraram úteis, os desenvolvedores humanos tinham a opção de ajustá-los. Em 2015, a equipe de pesquisa do Google deixou de usar esses algoritmos desenvolvidos por humanos e começou a implementar o aprendizado de máquina. Essa mudança levou a um momento decisivo: a incorporação da IA melhorou muito a qualidade e a utilidade do mecanismo de pesquisa, permitindo que ele antecipasse perguntas e organizasse resultados mais precisos. No entanto, apesar das melhorias significativas no mecanismo de pesquisa do Google, os desenvolvedores tinham uma vaga compreensão de por que as pesquisas geravam determinados resultados. Os humanos ainda conseguem orientar e ajustar o mecanismo de pesquisa, mas podem não conseguir explicar por que uma página específica recebe uma classificação mais alta do que outra. Para alcançar maior comodidade e precisão, os desenvolvedores humanos tiveram que deixar de lado uma medida de compreensão direta.[5]

Como esses exemplos ilustram, as principais plataformas digitais dependem cada vez mais da IA para fornecer serviços, atender às expectativas dos clientes e atender a diversos requisitos governamentais. À medida que o funcionamento das plataformas digitais depende cada vez mais da IA, esta também está se tornando, gradual e discretamente, um classificador e modelador da realidade — e, de fato, um agente no cenário nacional e global.

A potencial influência social, econômica, política e geopolítica de cada grande plataforma digital (e de sua IA) torna-se consideravelmente maior devido ao grau de efeitos de rede positivos. Os efeitos de rede positivos ocorrem em atividades de troca de informações nas quais o valor é maior quanto maior for o número de participantes. Quando o valor de uma plataforma tem esse aumento, seu sucesso tende a produzir mais sucesso ainda, e há uma maior probabilidade de ela predominar em seu setor. As pessoas naturalmente tendem a aderir a aglomerações já existentes, o que leva a uma adesão maior de usuários em uma mesma plataforma. Para uma plataforma digital relativamente livre de barreiras, essa dinâmica leva a um alcance geográfico mais amplo, muitas vezes transnacional, com poucos serviços concorrentes importantes.

Os efeitos de rede positivos não se originaram nas plataformas digitais. Antes do surgimento da tecnologia digital, no entanto, a ocorrência de tais efeitos era relativamente rara. Na verdade, para um produto ou serviço tradicional, um aumento no número de usuários pode facilmente diminuir em vez de aumentar seu valor. Essa situação pode gerar escassez (para um produto ou serviço que está em alta demanda ou esgotado), atrasos (para um produto ou serviço que não pode ser entregue simultaneamente a todos os clientes que o desejam) ou uma perda de exclusividade que deu a um produto o prestígio inicial (um item de luxo que se torna menos procurado quando está amplamente disponível, por exemplo).

O exemplo clássico de efeitos de rede positivos surgiu nos próprios mercados — tanto de bens quanto de ações. Desde pelo menos o início do século XVII, negociantes de ações e títulos da Índia Oriental holandesa se reuniam em Amsterdã, onde as bolsas de valores forneciam um meio para compradores e vendedores chegarem a uma avaliação comum para negociar títulos. Com a participação ativa de mais compradores e vendedores, uma bolsa de valores se torna mais útil e valiosa para os participantes individuais. E ter um grande número de participantes aumenta as chances de ocorrer uma transação que seja avaliada como "correta", pois isso significa que houve um número maior de negociações individuais entre os compradores e os vendedores. Quando uma bolsa de valores reúne um grupo importante de usuários em determinado mercado, ela tende a se tornar a primeira indicação para novos compradores e vendedores — deixando pouco incentivo ou oportunidade para outra bolsa, que oferece exatamente o mesmo serviço, competir.

Quando os telefones tradicionais foram desenvolvidos, as redes de telefonia também demonstraram fortes efeitos de rede positivos. Para um serviço telefônico que depende de fios físicos para conectar chamadas, ter um número maior de outros assinantes na mesma rede cria um valor maior para cada um deles. Dessa forma, nos primórdios da telefonia, houve um forte crescimento das grandes prestadoras de serviços. Nos Estados Unidos, a universalidade foi inicialmente alcançada por meio de uma rede bastante grande operada pela AT&T (originalmente chamada de Bell Telephone), interconectada a diversos provedores menores, em grande parte rurais. Na década de 1980, os avanços tecnológicos permitiram que os provedores de serviços telefônicos se conectassem mais prontamente uns aos outros, permitindo que os assinantes de novos provedores alcançassem facilmente aqueles em qualquer serviço (doméstico). Esses avanços facilitaram a segmentação regulatória da AT&T, demonstrando aos clientes que o valor permaneceria alto mesmo sem um único grande provedor. A evolução constante da tecnologia permitiu que os clientes fizessem ligações para qualquer pessoa por telefone, independentemente de seus provedores, o que reduziu muito o efeito de rede positivo.[6]

Não há uma razão específica para que a dinâmica dos efeitos de rede positivos não ultrapassem os limites nacionais ou regionais — e as plataformas digitais geralmente se expandem para além dessas fronteiras terrestres. As distâncias físicas e as diferenças nacionais ou linguísticas raramente representam obstáculos à expansão: o mundo digital é acessível de qualquer lugar que tenha conectividade à internet, e os serviços das plataformas digitais geralmente podem ser entregues em diversos idiomas. As principais limitações para essa expansão são aquelas impostas por governos ou, talvez, pela incompatibilidade tecnológica (muitas vezes, com os governos incentivando essa incompatibilidade). Assim, para cada tipo de serviço, como redes sociais e streaming de vídeo, geralmente existe um pequeno número de plataformas digitais globais, que talvez sejam complementadas por plataformas locais. E seus usuários se beneficiam e contribuem para um fenômeno novo, ainda mal compreendido: a operação da inteligência não humana em escala global.

COMUNIDADE, ROTINA DIÁRIA E PLATAFORMAS DIGITAIS

O mundo digital transformou nossa experiência de vida cotidiana. Atualmente, uma pessoa passa o dia navegando na internet, beneficiando-se de uma imensa quantidade de conteúdo e contribuindo para grandes bancos de dados. A extensão desses dados e as opções para consumi-los são enormes e variadas demais para serem processadas somente pela mente humana. Assim, muitas vezes a pessoa passa a confiar, de maneira instintiva ou inconsciente, em sistemas de software para organizar e selecionar informações que são necessárias ou úteis para ela — notícias para ler, filmes para assistir e música para tocar —, com base em uma combinação de escolhas individuais anteriores e de seleções bastante populares. A experiência de ter essa curadoria automática à disposição pode ser tão simples e satisfatória que só é percebida quando já está em uso. Experimente ler notícias no feed do Facebook de outra pessoa, por exemplo, ou buscar sugestões de filmes usando a conta da Netflix de outro usuário.

As plataformas digitais capacitadas por IA aceleraram o processo de integração e aprofundaram as conexões entre as pessoas e a tecnologia digital. Uma plataforma digital que tem uma IA projetada e treinada para intuir e abordar questões e objetivos humanos pode servir de guia, intérprete e, ainda, registrar as opções que a mente humana já gerenciou (embora com menos eficiência). As plataformas digitais realizam essas tarefas juntando informações e experiências em uma escala muito maior do que uma única mente humana ou um tempo de vida consegue dar conta, permitindo que gerem respostas e recomendações que podem parecer estranhamente adequadas. Ao considerar uma compra de botas de inverno, por exemplo, mesmo o comprador mais dedicado nunca conseguiria avaliar, sozinho, centenas de milhares de compras nacionais e regionais de itens semelhantes, considerar a previsão climática, a época do ano, revisar as pesquisas de compras anteriores e buscar todas as opções de envio antes de decidir pelo par de botas que representaria a melhor escolha. Uma IA, no entanto, consegue muito bem avaliar todos esses fatores juntos.

O resultado disso é que as pessoas geralmente se relacionam com plataformas digitais capacitadas por IA de uma maneira que, historicamente, elas não se relacionam com outros produtos, serviços ou máquinas. À medida que interagem com a IA e conforme a IA se adapta às preferências individuais delas (navegação na internet e consultas de pesquisas anteriores, histórico de viagens, nível de renda aproximado, conexões sociais), um tipo de parceria tácita começa a ser construída. As pessoas passam a depender dessas plataformas, esperando que elas executem uma combinação de funções que, tradicionalmente, eram distribuídas a empresas, governos e outros seres humanos. As plataformas se transformam em uma combinação de serviço postal, loja de departamentos, concierge, confidente e amigo.

A relação entre uma pessoa, uma plataforma digital e seus outros usuários é uma combinação nova de vínculo íntimo e conexão remota. Já as plataformas digitais capacitadas por IA analisam quantidades consideráveis de dados do usuário, muitos dos quais são pessoais (como localização, informações de contato, redes de amigos e associados e informações financeiras e de saúde). Os usuários recorrem à IA como um guia ou facilitador de uma experiência personalizada. A precisão e a sutileza da IA derivam de sua capacidade de revisar e reagir a uma junção de centenas de milhões de relações e trilhões de interações semelhantes no espaço (a amplitude geográfica da base de usuários) e no tempo (a união de usos anteriores). Os usuários das plataformas digitais e suas IAs formam uma relação compacta, de interação e aprendizado mútuo.

Ao mesmo tempo, a IA de uma plataforma digital segue uma lógica não humana e, de muitas maneiras, incompreensível para os humanos. Por exemplo, na prática, quando uma plataforma digital capacitada por IA está avaliando uma imagem, uma postagem de mídia social ou uma consulta de pesquisa anterior, os humanos podem não entender exatamente como a IA opera nessa situação específica. Embora os engenheiros do Google saibam que sua função de pesquisa capacitada por IA produziu resultados mais claros do que teria feito sem a IA, eles nem sempre conseguiam explicar por que um resultado específico obteve uma classificação mais alta do que outro. Em grande parte, a IA é julgada pela utilidade dos resultados que ela obteve, não pelo processo que usou para chegar até eles. Isso mostra que houve uma mudança nas prioridades em comparação a eras anteriores, quando cada passo em um processo mental ou mecânico era experienciado por um ser humano (um pensamento, uma conversa, um processo administrativo) ou podia ser pausado, inspecionado e repetido por humanos.

Por exemplo, em grande parte do mundo industrializado, a lembrança de uma época em que as viagens exigiam "fazer uma rota" já está desaparecendo — um processo manual que poderia envolver um telefonema antecipado para a pessoa que seria visitada, um mapa da cidade de destino ou do Estado e, não raramente, uma parada em um posto de gasolina ou em uma loja de conveniências para conferir se o caminho escolhido estava certo ou se seria preciso alterar a rota. Atualmente, as viagens são feitas de maneira muito mais eficiente por meio do uso de aplicativos de mapas para smartphones, que não apenas são capazes de avaliar as diferentes rotas possíveis e o tempo que cada uma levaria com base no que eles "sabem" sobre os padrões históricos de tráfego naquele horário do dia, como também podem considerar acidentes registrados e outros atrasos possíveis naquele dia (incluindo os que ocorrem durante a viagem), bem como outros indícios (pesquisas de outros usuários) de que o tráfego pode piorar ao longo de determinada rota durante o tempo que o usuário levará para percorrê-la.

Essa mudança de uso de mapas para uso de serviços de navegação online provou ser tão conveniente que poucos pararam para considerar quão revolucionária ela foi ou quais poderiam ser suas consequências. O indivíduo e toda a sociedade ganharam em conveniência ao aceitarem essa nova relação com uma plataforma digital e sua operadora, acessando-a e tornando-se parte de um conjunto de dados em evolução (incluindo o rastreamento da localização de pessoas, pelo menos enquanto o aplicativo estiver em uso) e confiando na plataforma e em seus algoritmos para gerar resultados precisos. De certa forma, a pessoa que utiliza esse serviço não está sozinha; ela faz parte de um sistema no qual a inteligência, tanto do humano quanto da máquina, está atuando em colaboração para reunir uma maior quantidade de pessoas por meio de suas rotas individuais.

A predominância desse tipo de companhia constante da IA provavelmente aumentará. À medida que setores como saúde, logística, varejo, finanças, comunicações, mídia, transporte e entretenimento produzem avanços comparáveis — muitas vezes possibilitados por plataformas digitais —, a experiência de realidade da nossa rotina está sendo transformada.

Quando os usuários recorrem a plataformas digitais capacitadas por IA a fim de obter assistência para realizar suas tarefas, eles se beneficiam de um tipo de coleta e filtragem de informações que nenhuma geração anterior experimentou. A escala, o poder e a capacidade dessas plataformas de buscar novos padrões dão aos usuários conveniências e recursos sem precedentes. Ao mesmo tempo, os usuários estão tendo uma forma de diálogo humano-máquina que nunca existiu antes. As plataformas digitais capacitadas por IA têm a habilidade de estruturar a atividade humana de maneiras que não são muito bem compreendidas — ou mesmo definidas ou explicadas claramente — pelo usuário humano. Isso levanta questões fundamentais: com qual função objetiva essa IA está operando? De acordo com o projeto de quem e dentro de quais parâmetros regulatórios?

As respostas a essas e outras perguntas semelhantes continuarão a moldar vidas e sociedades no futuro: quem opera e define os limites desses processos? Que impacto eles podem ter nas normas e instituições sociais? E quem, se é que existe alguém, tem acesso ao que a

IA percebe? Se nenhum humano conseguir entender ou visualizar completamente os dados em um nível individualizado, ou acessar todas as etapas envolvidas nesse processo — ou seja, se o papel do ser humano continuar sendo o mesmo, de somente projetar, monitorar e definir parâmetros gerais para a IA —, devemos considerar essas limitações reconfortantes, enervantes ou ambas as coisas?

EMPRESAS E NAÇÕES

Os designers não tiveram o objetivo claro de inventar plataformas digitais capacitadas por IA; elas surgiram por meio de um incidente, em função dos problemas que empresas, engenheiros e seus clientes procuravam resolver. Os operadores de plataformas digitais desenvolveram sua tecnologia para atender a determinadas necessidades humanas: conectar compradores e vendedores, pesquisadores e provedores de informações e grupos de indivíduos que compartilham interesses ou objetivos comuns. Eles implantaram a IA para melhorar — ou, cada vez mais, capacitar — seus serviços e aumentar sua habilidade em atender às expectativas dos usuários (e, às vezes, de governos).

À medida que as plataformas digitais cresceram e evoluíram, algumas chegaram a afetar atividades e setores da sociedade muito mais do que pretendiam. E, conforme observado anteriormente, as pessoas passaram a confiar em determinadas plataformas digitais capacitadas por IA com informações que elas hesitariam em mostrar mesmo a um amigo ou ao governo — como registros de rotas e lugares por onde passaram, o que fizeram (e com quem) e o que pesquisaram e visualizaram.

A dinâmica possibilitada pelo acesso a esses dados pessoais coloca as plataformas digitais, seus operadores e a IA que elas usam em uma nova posição de influência social e política. Particularmente, durante uma era influenciada pela pandemia e seu distanciamento social e trabalho remoto, as sociedades passaram a confiar em algumas plataformas digitais capacitadas por IA como um tipo de recurso essencial e de aproximação social — um facilitador de expressão, de comércio, de entrega de alimentos e de transporte. Essas mudanças desdobraram-se em uma escala e velocidade que, até agora, superaram a compreensão e um consenso mais amplos sobre os papéis dessas plataformas na sociedade e no cenário internacional.

Como o recente papel das mídias sociais na transmissão e na moderação de informações políticas e de desinformação demonstrou, algumas plataformas digitais assumiram funções tão significativas que podem exercer grande influência sobre a conduta do governo de uma nação. E essa influência surgiu por acidente, não foi necessariamente programada ou predefinida. No entanto, as habilidades, os instintos e os insights conceituais que produzem excelência no mundo da tecnologia não fazem o mesmo na esfera governamental. Cada esfera tem uma linguagem própria, estruturas organizacionais, princípios inspiradores e valores fundamentais. Uma plataforma digital operando de acordo com seus objetivos comerciais padrão e com as demandas dos usuários pode, de fato, transcender o âmbito da governança e da estratégia nacional. Os governos tradicionais, por sua vez, podem ter dificuldade para diferenciar os motivos e as estratégias da plataforma, mesmo quando procuram ajustá-los aos objetivos nacionais e globais.

O fato de a IA operar de acordo com os próprios processos, que são diferentes e, muitas vezes, mais rápidos do que os processos mentais humanos, é mais uma complexidade a ser enfrentada. A IA desenvolve as próprias abordagens para cumprir quaisquer funções objetivas que foram especificadas. Ela gera resultados e respostas que não são humanos e que são amplamente independentes das culturas nacionais ou corporativas. A natureza global do mundo digital e a capacidade da IA de monitorar, bloquear, adaptar, gerar e distribuir informações em plataformas digitais em todo o mundo carrega essas complexidades para dentro do "espaço de informação" de sociedades díspares.

Conforme as plataformas digitais são capacitadas por uma IA cada vez mais sofisticada, arranjos sociais e comerciais são estruturados por elas em escala nacional e global. Embora geralmente a apresentação das plataformas de mídia social (e sua IA) sejam independentes de conteúdo, não só seus padrões de comunidade como também sua filtragem e a apresentação das informações podem influenciar a maneira como estas são geradas, reunidas e percebidas. Como a IA opera para recomendar conteúdo e conexões, classificar as informações e os conceitos e prever as preferências e os objetivos do usuário, ela pode, inadvertidamente, reforçar escolhas individuais, de um grupo ou da sociedade. Pode encorajar, assim, a distribuição de determinados tipos de informação e a formação de determinados tipos de conexões enquanto desencoraja outros. Essa dinâmica tem grande potencial de afetar os resultados sociais e políticos — independentemente das intenções dos operadores da plataforma. Todos os dias, usuários e grupos de pessoas influenciam uns aos outros de maneira rápida e em grandes escalas por meio de inúmeras interações, principalmente quando moldadas por recomendações complexas orientadas por IA. O resultado disso é que os operadores podem não entender ao certo o que está acontecendo em tempo real. E, se o operador injeta (intencional ou inconscientemente) os próprios valores ou propósitos, as complexidades são ampliadas.

Ao reconhecer esses desafios, as tentativas governamentais de abordar essas dinâmicas precisarão prosseguir com muito cuidado. Qualquer abordagem governamental com relação a esse processo — seja no sentido de restringi-lo, controlá-lo ou permiti-lo — reflete, necessariamente, escolhas e julgamentos de valor. Se um governo encoraja as plataformas a rotular ou bloquear determinado tipo de conteúdo, ou se ele exige que a IA identifique e rebaixe informações tendenciosas ou "falsas", essas decisões podem funcionar, de fato, como motores da política social com amplitude e influência únicas. Em todo o mundo, a maneira de abordar essas escolhas tornou-se objeto de debates minuciosos — principalmente em sociedades livres tecnologicamente avançadas. Qualquer abordagem tem garantia de execução em uma escala muito maior do que quase qualquer decisão legal ou política anterior — com efeitos potencialmente instantâneos na rotina diária de milhões ou bilhões de usuários em muitas jurisdições governamentais.

A interseção entre plataformas digitais e arenas governamentais produzirá resultados imprevisíveis e, em alguns casos, amplamente contestados. Em vez de resultados claros, no entanto, é mais provável que cheguemos a uma série de dilemas sem resposta certa. Será que as tentativas de regular as plataformas digitais e suas IAs funcionarão em alinhamento com os objetivos políticos e sociais de diversas nações (por exemplo, reduzir o crime, combater o preconceito) e, por fim, farão com que as sociedades se tornem mais justas? Ou elas levarão a governos mais poderosos e autoritários que moldam os resultados por meio de um proxy de máquina, cuja lógica é inefável e cujas conclusões se tornam inevitáveis? Em trocas iterativas que acontecem ao longo do tempo entre continentes e entre bases de usuários supranacionais, será que as plataformas digitais capacitadas por IA promoverão uma cultura humana compartilhada e buscarão respostas além de qualquer cultura ou sistema de valores de uma nação? Ou se o operador injetar (intencional ou inconscientemente) os próprios valores ou propósitos globais, as plataformas capacitadas por IA amplificarão lições ou padrões específicos adivinhados pelos usuários, produzindo efeitos que diferem ou até prejudicam aqueles que seus desenvolvedores humanos planejaram ou anteciparam? Não podemos evitar responder a essas perguntas porque nossa forma de comunicação, como é construída atualmente, não funciona mais sem ser por meio de redes assistidas por IA.

PLATAFORMAS DIGITAIS E DESINFORMAÇÃO

As fronteiras nacionais há muito são permeáveis a novas ideias e tendências, inclusive aquelas fomentadas com um propósito deliberadamente maligno — mas nunca nessa escala. Embora haja um amplo consenso sobre a importância de impedir que a desinformação maligna que é distribuída intencionalmente conduza as tendências sociais e os eventos políticos, garantir esse resultado raramente provou ser um empreendimento certeiro ou totalmente bem-sucedido. Pensando um pouco mais à frente, no entanto, tanto a "ofensa" quanto a "defesa" — tanto a disseminação de desinformação quanto os esforços para combatê-la — se tornarão cada vez mais automatizados e confiados à IA. A IA GPT-3 que gera a linguagem demonstrou ser capaz de criar personalidades sintéticas, usá-las para produzir linguagem que é característica do discurso de ódio e entrar em conversas com usuários humanos para incentivar o preconceito e, até mesmo, instigá-los a praticar violência.[7] Se essa IA fosse implantada para espalhar o ódio e promover a divisão entre as pessoas, os humanos podem não ser capazes de combater isso sozinhos. A menos que essa IA seja detida no início de sua implantação, identificar e desabilitar manualmente todo o seu conteúdo por meio de investigações e decisões individuais seria um grande desafio até mesmo para os governos e os operadores de plataformas digitais mais sofisticados. Para uma tarefa tão grande e difícil, eles teriam que recorrer — como já fazem — aos algoritmos de IA de moderação de conteúdo. Mas quem cria e monitora isso? E como?

Quando uma sociedade livre depende de plataformas digitais capacitadas por IA que geram, transmitem e filtram conteúdo através das fronteiras nacionais e regionais, e quando essas plataformas procedem de uma maneira que, inadvertidamente, promove ódio e divisão social, essa sociedade enfrenta uma nova ameaça que deve instigá-la a considerar novas abordagens para policiar seu ambiente de informação. O problema por trás disso é urgente, porém as soluções dependentes de IA produzem novas questões fundamentais. Não devemos deixar de considerar que deve haver um equilíbrio adequado entre o julgamento humano e a automação orientada por IA em ambos os lados dessa equação.

Para sociedades acostumadas à livre troca de ideias, lidar com o papel da IA de avaliar e censurar informações iniciou debates fundamentais bastante difíceis. À medida que as ferramentas de disseminação da desinformação se tornam mais poderosas e cada vez mais automatizadas, o processo de definição e supressão da desinformação aparece cada vez mais como uma função social e política essencial. Para empresas privadas e governos democráticos, esse papel traz não apenas um grau de influência e responsabilidade incomum, como também muitas vezes inesperado, sobre mudanças nos fenômenos sociais e culturais — desenvolvimentos que anteriormente não haviam sido operados ou controlados por um único agente, mas que evoluíram por meio de interações individuais de milhões de pessoas no mundo físico.

Para alguns, a tendência será confiar essa tarefa a um processo técnico que *parece* livre dos preconceitos e das parcialidades humanas — uma IA com uma função objetiva de identificar e deter o fluxo de desinformação e informações falsas. Mas e o conteúdo que nunca é visto pelo público? Quando a predominância ou a difusão de uma mensagem é tão reduzida que sua existência é, de fato, negada, atingimos um estado de censura. Se a IA antidesinformação comete um erro, suprimindo um conteúdo que não contém uma desinformação maligna, mas que é, de fato, autêntico, como podemos identificá-lo? É possível saber o suficiente e perceber a tempo de corrigir esse erro? De maneira alternativa, temos o direito de ler, ou mesmo um interesse legítimo em ler, informações "falsas" geradas pela IA? O poder de treinar uma IA defensiva contra um padrão objetivo (ou subjetivo) de falsidade — e a capacidade, se houver, de monitorar as operações dessa IA — se tornaria uma função de importância e de grande influência, conflitando com os papéis tradicionalmente ocupados pelo governo. Pequenas diferenças no design da função objetivo de uma IA, nos parâmetros de treinamento e nas definições do que é falso podem levar a diferenças de resultados capazes de modificar a sociedade. Essas questões se tornam ainda mais importantes à medida que as plataformas digitais usam a IA para entregar seus serviços a bilhões de pessoas.

Os debates políticos e regulatórios internacionais sobre o TikTok, uma plataforma digital capacitada por IA para criar e compartilhar vídeos curtos, muitas vezes excêntricos, oferecem um vislumbre inesperado dos desafios que podem surgir ao confiar na IA para estruturar as comunicações, principalmente quando ela é desenvolvida em determinado país e usada por cidadãos de outro. Os usuários do TikTok filmam e postam vídeos por meio de seus smartphones, e há muitos milhões de usuários que gostam de assisti-los. Os algoritmos proprietários de IA desse aplicativo recomendam conteúdos dos quais essas pessoas podem gostar com base no uso anterior que elas fizeram da plataforma. O TikTok foi desenvolvido na China e se tornou popular no mundo inteiro; ele não cria conteúdo nem parece estabelecer extensas restrições quanto ao seu uso — além de ter um limite de tempo para vídeos e diretrizes da comunidade que proíbem a "desinformação", conteúdos de "extremismo violento" e determinados tipos de conteúdo gráfico.

Para o espectador em geral, o principal atributo da lente assistida por IA do TikTok no mundo parece ser a criatividade — seu conteúdo consiste, principalmente, em pequenos trechos de vídeo bobos de danças, piadas e habilidades incomuns. No entanto, devido às preocupações governamentais com a coleta de dados dos usuários do aplicativo bem como a percepção da capacidade oculta de censura e desinformação, em 2020, os governos da Índia e dos Estados Unidos fizeram movimentos a fim de restringir o uso do TikTok. Além disso, Washington decidiu forçar a venda das operações do TikTok nos EUA para uma empresa sediada no país, com o intuito de armazenar dados de usuários no mercado interno e impedir que eles fossem exportados para a China. Pequim, por sua vez, agiu a fim de proibir a exportação do código que suportava o algoritmo de recomendação de conteúdo no cerne da eficácia e do apelo aos usuários do TikTok.

Em breve, mais plataformas digitais — talvez a maioria daquelas que permitem a comunicação, o entretenimento, o comércio, as finanças e os processos industriais — contarão com uma IA cada vez mais sofisticada e personalizada para fornecer funções-chave, moderar e estruturar conteúdo, muitas vezes além das fronteiras dos países. As ramificações políticas, legais e tecnológicas dessas manobras ainda estão em desdobramento. O fato de um único aplicativo de entretenimento excêntrico capacitado por IA ter causado tal consternação pública multinacional sugere que enigmas geopolíticos e regulatórios mais complexos nos esperam em um futuro próximo.

GOVERNOS E REGIÕES

As plataformas digitais representam um novo enigma cultural e geopolítico não só para os países em si, mas também para as relações mais amplas entre governos e regiões, em virtude da ausência de fronteiras naturais dessa tecnologia. Mesmo com uma intervenção contínua e considerável do governo, a maioria dos países — até os tecnologicamente mais avançados — não dará lugar a empresas que produzam ou mantenham uma versão "nacional" avançada de cada plataforma digital globalmente influente (como aquelas usadas para mídia social, pesquisa na web, e assim por diante). O ritmo da mudança tecnológica é rápido, e o número de programadores, engenheiros e profissionais de design e desenvolvimento de produtos especializados é muito pequeno para uma cobertura tão ampla. A demanda global por talentos é muito alta, os mercados locais para a maioria dos serviços são muito pequenos, e os custos de produtos e serviços para manter uma versão independente de cada plataforma digital são consideráveis. Permanecer na vanguarda do desenvolvimento tecnológico requer capital intelectual e financeiro muito maior do que a maioria das empresas apresenta — e maior do que a maioria dos governos está disposta ou é capaz de fornecer. Mesmo diante desse cenário, muitos usuários, se tivessem escolha, prefeririam não se limitar a uma plataforma digital que hospeda apenas seus compatriotas e as ofertas de software e conteúdo que eles produzem. Em vez disso, a dinâmica dos efeitos de rede positivos tenderá a apoiar apenas um punhado de participantes que demonstram serem líderes de tecnologia e de mercado para seu produto ou serviço específico.

Muitos países são — e provavelmente permanecerão indefinidamente — dependentes de plataformas digitais que são projetadas e hospedadas em outros países. Sendo assim, elas provavelmente também permanecerão, pelo menos em parte, dependentes dos agentes reguladores desses outros países para obter acesso contínuo, entradas importantes e atualizações internacionais. Dessa forma, muitos governos terão um incentivo para garantir a continuidade da operação de serviços online baseados em IA de outros países que já foram incorporados a aspectos fundamentais de sua sociedade.

Esse compromisso pode assumir a forma de regular os proprietários ou operadores de plataformas digitais, instituir requisitos para seu funcionamento ou gerir a formação de sua IA. Os governos podem insistir que os desenvolvedores incluam medidas para evitar determinados vieses ou evitar abordar dilemas éticos específicos.

Algumas figuras públicas podem conseguir alavancar uma plataforma digital e sua IA para obter maior visibilidade para seu conteúdo, permitindo que alcancem públicos maiores. No entanto, se os operadores da plataforma decidirem que tais figuras proeminentes violaram os padrões de conteúdo, elas podem ser imediatamente censuradas ou removidas, impedindo-as de alcançar um público tão amplo (ou levando seu público para o underground). Seu conteúdo pode ser, ainda, marcado com algum tipo de etiqueta de advertência ou outra classificação com o mesmo potencial estigmatizante. A questão é qual pessoa ou instituição que deve tomar essa decisão. A autoridade que fará e aplicará esses julgamentos de maneira independente, hoje junto a algumas empresas, reflete um nível de poder que poucos governos democráticos têm exercido. Embora a maioria das pessoas considere indesejável que empresas privadas tenham esse grau de poder e controle, cedê-lo a órgãos governamentais seria quase igualmente problemático; seria uma ação que ultrapassa as abordagens políticas convencionais. Quanto às plataformas digitais, a necessidade dessas avaliações e decisões surgiu de maneira rápida e quase acidental nos últimos anos, algo que parece ter surpreendido usuários, governos e empresas. Isso precisa ser resolvido.

PLATAFORMAS DIGITAIS E GEOPOLÍTICA

A geopolítica emergente das plataformas digitais compreende um novo aspecto fundamental da estratégia internacional — e os governos não são os únicos participantes. Os governos podem cada vez mais tentar limitar o uso ou o comportamento desses sistemas ou tentar impedi-los de superar os concorrentes locais em regiões importantes, para que uma sociedade ou economia concorrente não receba uma influência poderosa sobre o setor industrial, econômico ou (mais difícil de definir) de desenvolvimento político e cultural. No entanto, como os governos geralmente não desenvolvem ou operam essas plataformas digitais, as ações de inventores, corporações e usuários moldarão o setor junto com restrições ou incentivos governamentais, criando uma arena estratégica particularmente dinâmica e difícil de prever. Além disso, está sendo adicionada uma nova forma de ansiedade cultural e política a essa equação já bastante complexa. Em Pequim, Washington e em algumas capitais europeias foi expressa (e indiretamente articulada em outros lugares) a preocupação sobre as implicações de conduzir amplos aspectos da vida econômica e social nacional em plataformas digitais facilitadas por uma IA projetada em outros países que são potenciais rivais. Com base nesse incentivo tecnológico e político, vão se estabelecendo novas configurações geopolíticas.

Os Estados Unidos deram origem a um conjunto global de lideranças tecnológicas de plataformas digitais operadas de maneira privada que dependem cada vez mais da IA. As raízes dessa conquista estão na liderança acadêmica em universidades que atraem os melhores talentos do mundo, um ecossistema de startups que permite aos participantes trazer inovações rapidamente para escalar e lucrar com seus desenvolvimentos e o apoio governamental de P&D avançado (por meio da National Science Foundation, da DARPA e de outras agências). A predominância do inglês como idioma universal, a criação de padrões de tecnologia locais ou influenciados pelos EUA e o surgimento de uma base doméstica essencial de clientes individuais e corporativos proporcionam um ambiente favorável para as operadoras de plataformas digitais dos EUA. Algumas dessas operadoras evitam o envolvimento do governo e consideram seus interesses como, principalmente, não nacionais, enquanto outras adotaram contratos e programas governamentais. No exterior, todos estão sendo tratados cada vez mais (e, muitas vezes, sem distinção) como criações e representantes dos Estados Unidos — embora, em muitos casos, o papel do governo tenha se limitado a ficar fora do caminho deles.

Os Estados Unidos começaram a enxergar as plataformas digitais como um aspecto da estratégia internacional, restringindo as atividades domésticas de algumas plataformas estrangeiras, bem como a exportação de alguns softwares e tecnologias que poderiam facilitar o crescimento de concorrentes estrangeiros. Ao mesmo tempo, reguladores federais e estaduais identificaram as principais plataformas digitais nacionais como alvos de ações antitruste. Pelo menos no curto prazo, esse impulso simultâneo de proeminência estratégica e multiplicidade doméstica pode empurrar o desenvolvimento dos EUA em direções conflitantes.

A **China** também apoiou o desenvolvimento de plataformas digitais que já têm uma escala nacional, mas que, ao mesmo tempo, estão prestes a se expandir ainda mais. Embora a abordagem regulatória de Pequim tenha incentivado a concorrência acirrada entre os players nacionais de tecnologia (tendo como objetivo final os mercados globais), ela excluiu amplamente (ou exigiu ofertas bem específicas) as contrapartes não chinesas dentro das fronteiras da China. Nos últimos anos, Pequim também tomou medidas para estruturar os padrões internacionais de tecnologia e impedir a exportação de tecnologias sensíveis desenvolvidas internamente. As plataformas digitais chinesas predominam na China e em regiões próximas, e algumas delas são líderes nos mercados globais. Algumas plataformas digitais chinesas desfrutam de vantagens embutidas nas comunidades da diáspora chinesa (comunidades de língua chinesa nos Estados Unidos e na Europa, por exemplo, continuam a usar fortemente as funções financeiras e de mensagens do WeChat), mas seu apelo não se limita aos consumidores chineses. Tendo dominado o mercado doméstico turbulento da China, as plataformas digitais mais importantes do país e sua tecnologia de IA estão posicionadas para competir no mercado global.

Em determinados mercados, como os Estados Unidos e a Índia, os governos têm se tornado cada vez mais francos em relação às plataformas digitais chinesas (e outras tecnologias digitais chinesas) como extensões potenciais ou, de fato, dos objetivos políticos do governo chinês. Embora isso possa ser verdade em alguns casos, as dificuldades de alguns operadores de plataformas digitais chinesas sugerem que as relações da empresa com o Partido Comunista Chinês, na prática, podem ser complexas e variadas. Os operadores dessas plataformas digitais podem não refletir automaticamente os interesses do partido ou do Estado; é provável que a correlação dependa das funções de plataformas digitais específicas e de até que ponto seus operadores entendem e navegam nas linhas vermelhas governamentais tácitas.

De maneira mais ampla, embora **o Leste e o Sudeste da Ásia,** lar de empresas com alcance global, produzam insumos tecnológicos importantes, como semicondutores, servidores e eletrônicos de consumo, eles também abrigam plataformas digitais criadas localmente. Em toda a região, as plataformas hospedadas por chineses e norte-americanos exercem influência em graus variados entre os diversos segmentos da população. Os países dessa região, em suas relações com as plataformas digitais, como em outros aspectos da economia e da geopolítica, têm estado intimamente ligados ao ecossistema de tecnologia derivado dos EUA. Mas também há um uso significativo de plataformas digitais chinesas, bem como um envolvimento mais amplo com empresas e tecnologia chinesas, que os asiáticos do Leste e do Sudeste podem considerar organicamente conectados à sua região e essenciais para o próprio sucesso econômico.

A **Europa,** ao contrário da China e dos Estados Unidos, ainda precisa criar plataformas digitais globais nacionais ou cultivar o tipo de indústria de tecnologia digital nacional que apoiou o desenvolvimento de grandes plataformas em outros lugares. Ainda assim, a Europa chama a atenção dos principais operadores de plataformas digitais em virtude de algumas empresas e universidades importantes, sua tradição de exploração do Iluminismo, que lançou as bases fundamentais para a era da informática, seu grande mercado e um aparato regulatório formidável em sua capacidade de inovar e impor requisitos legais. No entanto, a Europa continua a enfrentar desvantagens para o dimensionamento inicial de novas plataformas digitais devido à necessidade de atender a muitos idiomas e aparatos regulatórios nacionais para alcançar seu mercado combinado. Por outro lado, as plataformas digitais nacionais nos Estados Unidos e na China são capazes de operar em escala continental, permitindo que suas empresas financiem melhor o investimento necessário para continuar escalando em outros idiomas.

A UE recentemente concentrou a atenção regulatória nos termos da participação dos operadores de plataformas digitais em seu mercado, incluindo o uso de IA por esses operadores (e outras entidades). Como em outras questões geopolíticas, a Europa enfrenta a escolha de atuar como aliada de um lado ou de outro em cada uma das grandes esferas tecnológicas — ajustando seu curso ao estabelecer uma relação especial — ou como um equilíbrio entre os lados.

Nesse ponto, as preferências dos Estados tradicionais da UE e dos novos participantes da Europa Central e Oriental podem diferir, refletindo as diversas situações geopolíticas e econômicas em que se encontram. Até agora, potências globais históricas como França e Alemanha têm valorizado a independência e a liberdade de manobra na política tecnológica. No entanto, os Estados europeus periféricos com experiência recente e direta de ameaças externas — como os Estados pós-soviéticos do Báltico e da Europa Central — mostraram maior prontidão para se identificar com uma "tecnosfera" liderada pelos EUA.

A **Índia**, uma potência ainda emergente nesse setor, tem capital intelectual substancial, ambiente empresarial e acadêmico relativamente favorável à inovação e ampla reserva de talento tecnológico e de engenharia que poderia apoiar a criação de plataformas digitais líderes (como tem sido recentemente demonstrado com sua indústria de compras online local). O tamanho da população e da economia da Índia seria capaz de sustentar plataformas digitais potencialmente independentes sem recorrer a outros mercados. Da mesma forma, as plataformas digitais projetadas na Índia têm o potencial de se tornarem populares também em outros mercados. Nas décadas anteriores, grande parte dos softwares mais bem-sucedidos da Índia foi implantada no setor de serviços de TI ou em plataformas digitais de outros países. Agora, ao avaliar suas relações regionais e sua relativa dependência de tecnologia importada, o país pode optar por traçar um caminho mais independente ou assumir um papel principal dentro de um bloco internacional de nações tecnologicamente compatíveis.

A **Rússia**, apesar de apresentar uma tradição nacional formidável em matemática e em ciências, até agora produziu poucos produtos e serviços digitais com apelo ao consumidor além das próprias fronteiras. No entanto, suas capacidades cibernéticas formidáveis e a habilidade em penetrar nas defesas e realizar operações em redes globais sugerem que a Rússia deve estar na lista das mais importantes potências tecnológicas do mundo. Talvez como resultado da exploração das vulnerabilidades online de outros países, a Rússia também promoveu o uso de determinadas plataformas digitais em escala nacional (como a plataforma de busca Yandex, por exemplo), embora em sua forma atual elas tenham um apelo relativamente limitado para consumidores não russos. Atualmente, essas plataformas funcionam como um substituto ou uma alternativa aos provedores dominantes, não como importantes concorrentes econômicos.

Está se desenrolando uma disputa multidisciplinar por vantagem econômica, segurança digital, primazia tecnológica e objetivos éticos e sociais, moldada principalmente por esses governos e essas regiões — embora, até o momento, os principais agentes não tenham identificado, de maneira imparcial, a natureza da disputa ou as regras do jogo.

Uma das abordagens tem sido tratar as plataformas digitais e sua IA principalmente como uma questão de regulamentação doméstica. Nessa visão, o principal desafio do governo é impedir que as plataformas abusem de suas posições ou se esquivem de responsabilidades previamente estabelecidas ou regulamentadas. Esses conceitos estão evoluindo e sendo contestados, particularmente dentro e entre os Estados Unidos e a UE. Devido à maneira como os efeitos de rede positivos aumentam o valor para os usuários de acordo com a escala, geralmente é difícil definir essas responsabilidades.

Outra abordagem tem sido tratar o surgimento e as operações das plataformas digitais principalmente como uma questão de estratégia internacional. Nessa visão, a popularização de um operador estrangeiro dentro de um país introduz novos fatores culturais, econômicos e estratégicos. Há a preocupação de que essas plataformas possam fomentar, mesmo que de maneira passiva, um nível de conexão e influência que anteriormente só teria surgido de uma aliança próxima, principalmente com o uso da IA como ferramenta para aprender sobre os cidadãos e influenciá-los. Se uma plataforma digital é útil e bem-sucedida, ela passa a dar suporte a funções comerciais e industriais mais amplas — e, por meio dessa capacidade, pode se tornar nacionalmente indispensável. Pelo menos teoricamente, a ameaça de retirada de tal plataforma digital (ou de suas principais entradas tecnológicas), seja por um governo ou uma corporação, serve como um potencial instrumento de alavancagem, mas, ao mesmo tempo, como um incentivo para torná-la dispensável. Essa capacidade hipotética de armar plataformas digitais (ou outras tecnologias), retendo-as em um momento de crise, pode levar os governos a se engajarem em novas formas de política e estratégia.

Para países e regiões que não desenvolvem plataformas digitais domésticas, sua escolha para o futuro imediato parece estar entre (1) limitar a dependência de plataformas que possam influenciar um governo adversário; (2) permanecer vulnerável — por exemplo, à capacidade potencial de outro governo de acessar dados sobre seus cidadãos; ou (3) contrabalancear ameaças potenciais entre si. Um governo pode decidir que os riscos de permitir que determinadas plataformas digitais estrangeiras operem dentro de suas fronteiras são inaceitáveis — ou que eles precisariam ser equilibrados pela introdução de plataformas digitais concorrentes. Governos com recursos podem optar por patrocinar um concorrente doméstico como rival: em muitos casos, no entanto, essa escolha exigiria uma intervenção substancial e contínua — e, ainda sim, poderia ser arriscado alcançar nada mais do que o fracasso. Os países avançados provavelmente tentarão evitar depender de produtos de qualquer outro país para funções importantes (como mídia social, comércio, compartilhamento de carona), principalmente em áreas onde existem diversas plataformas digitais disponíveis globalmente.

O fato de as plataformas digitais capacitadas por IA serem criadas por uma sociedade, poderem funcionar e evoluir *dentro* de outra sociedade e se tornar indissociáveis da economia daquele país e do discurso político nacional marca um afastamento determinante em relação a eras antecedentes. Anteriormente, com relação ao alcance, as fontes de informação e comunicação eram tipicamente locais e nacionais — e não preservavam nenhuma capacidade independente de aprender. Atualmente, as plataformas digitais de transporte criadas em determinado país podem se tornar as artérias e a força vital de outro, pois a plataforma aprende quais consumidores precisam de determinados produtos e automatiza a logística de fornecimento. Na verdade, essas plataformas digitais podem se tornar uma infraestrutura econômica importante, dando ao país de origem a vantagem sobre qualquer país que dependa delas.

Por outro lado, quando os governos optam por limitar o alcance da tecnologia estrangeira em suas economias, suas decisões podem impedir a disseminação de tal tecnologia — ou mesmo sua contínua viabilidade comercial. Os governos podem focar proibir o uso de plataformas digitais estrangeiras que foram identificadas como ameaças. Diversos países já adotaram essas medidas para produtos estrangeiros em geral, bem como para plataformas digitais em particular. Essa abordagem regulatória pode criar uma tensão com a expectativa da população de que ela deve ser livre para usar o que funcionar melhor. Em sociedades abertas, essas proibições também podem levantar questões novas e difíceis sobre o alcance adequado da regulamentação governamental.

Presos entre ações governamentais e preocupações com seu status global e sua base de usuários, os operadores de plataformas digitais precisarão tomar decisões sobre até que ponto eles se tornam, de fato, um conglomerado de empresas nacionais e/ou regionais, potencialmente em jurisdições distintas. Por outro lado, podem decidir se comportar como empresas globais que buscam valores de maneira independente e que podem não estar perfeitamente alinhados com as prioridades de qualquer governo em particular.

No Ocidente e na China, aumentaram as avaliações oficiais sobre a importância dos produtos e serviços digitais do outro lado, incluindo as plataformas digitais capacitadas por IA. Fora desses países, os governos e usuários podem enxergar as principais plataformas digitais como uma expressão da cultura ou dos interesses norte-americanos ou chineses. Os valores e princípios organizadores dos operadores de plataformas digitais podem espelhar os valores e princípios de sua sociedade originária, mas, ao menos no Ocidente, não há a exigência de que eles sejam correspondentes. As culturas corporativas ocidentais, muitas vezes, valorizam a autoexpressão e a universalidade em detrimento do interesse nacional ou da conformidade com as tradições estabelecidas.

Mesmo onde não ocorreu uma "dissociação tecnológica" entre países ou regiões, as ações governamentais estão começando a classificar as empresas em setores distintos, que atendem a conjuntos específicos de usuários engajados em atividades específicas. À medida que a IA aprende e se adapta a bases de usuários geográfica ou nacionalmente distintas, ela consegue, por sua vez, influenciar o comportamento humano em regiões diversas e de maneiras diferentes. Dessa forma, uma indústria fundada na premissa de comunidade e comunicação global pode, ao longo do tempo, facilitar um processo de regionalização — unindo blocos de usuários em realidades distintas, influenciadas por IAs distintas que evoluíram em direções diferentes. Com o tempo, poderiam se desenvolver esferas de padrões de tecnologia regionais, com diversas plataformas digitais capacitadas por IA, e com as atividades ou expressões que elas suportam evoluindo em paralelo, porém totalmente diferentes umas das outras, sendo que a comunicação e a troca entre elas são cada vez mais estranhas e difíceis.

O impulso e a atração de indivíduos, empresas, reguladores e governos nacionais que buscam estruturar e canalizar plataformas digitais capacitadas por IA se tornarão cada vez mais complexos, conduzidos de maneira alternada como uma disputa estratégica, uma negociação comercial e um debate ético. As perguntas que parecem urgentes podem estar desatualizadas quando os participantes oficiais relevantes se reunirem para discuti-las. A essa altura, a plataforma digital capacitada por IA pode ter aprendido ou exibido um comportamento novo que torna os termos originais da discussão obsoletos ou insuficientes. Os desenvolvedores e operadores podem entender melhor os objetivos e os limites das plataformas digitais, mas é improvável que intuam, com antecedência, prováveis preocupações governamentais ou objeções filosóficas mais amplas. O diálogo entre esses setores sobre as principais preocupações e abordagens mostra-se urgentemente necessário — e deve, sempre que possível, ocorrer antes que a IA seja implantada como parte de plataformas digitais de grande escala.

PLATAFORMAS DIGITAIS CAPACITADAS POR IA E NOSSO FUTURO COMO HUMANOS

A percepção e a experiência humanas, filtradas pela razão, há muito definem nossa compreensão da realidade. Esse entendimento tem sido tipicamente individual e local em alcance, atingindo apenas uma correspondência mais ampla para certas questões e fenômenos essenciais; raramente foi global ou universal, exceto no contexto distinto da religião. Na atualidade, as plataformas digitais que unem um grande número de usuários fazem com que a realidade do dia a dia seja acessível em escala global. A mente humana, no entanto, não é mais a única — ou talvez até mesmo a principal — navegadora da realidade. Plataformas digitais continentais e globais capacitadas por IA juntaram-se à mente humana nessa tarefa, auxiliando-a e, em algumas áreas, talvez se movimentando para, posteriormente, substituí-la.

Novos conceitos de compreensão e limitações — entre regiões, governos e operadores de plataformas digitais — devem ser definidos. A mente humana nunca funcionou da maneira que a era da internet exige. Por exercer efeitos complexos em setores como defesa, diplomacia, comércio, saúde e transporte, e colocando dilemas estratégicos, tecnológicos e éticos muito complexos para qualquer agente ou disciplina abordar sozinho, o advento das plataformas digitais capacitadas por IA está levantando questões que não deveriam ser consideradas exclusivamente de natureza nacional, partidária ou tecnológica.

Os estrategistas precisam considerar as lições de eras anteriores. Eles não devem assumir que, em cada disputa comercial e tecnológica, é possível haver uma vitória completa. Em vez disso, devem reconhecer que, para prevalecer, necessitam de uma definição de sucesso que uma sociedade possa sustentar ao longo do tempo. Isso, por sua vez, requer responder aos tipos de perguntas que iludiram os líderes políticos e os planejadores estratégicos durante o período da Guerra Fria: que margem de superioridade será necessária? Em que ponto a superioridade deixa de ser significativa em termos de desempenho? Que grau de inferioridade continuaria sendo significativo em uma crise em que cada lado usasse ao máximo suas capacidades?

Os operadores de plataformas digitais enfrentarão escolhas muito além de atender os clientes e alcançar o sucesso comercial. Até agora, eles não foram obrigados a definir uma ética nacional ou de serviço além do impulso orgânico para melhorar seus produtos, aumentar seu alcance e atender aos interesses de usuários e acionistas. Como assumiram papéis mais amplos e influentes, no entanto, incluindo funções que influenciam (e, às vezes, rivalizam com) as atividades dos governos, eles enfrentarão desafios muito maiores. Eles não apenas precisarão ajudar a definir a capacidade e os propósitos finais das esferas virtuais que criaram, como também precisarão prestar cada vez mais atenção em como elas interagem umas com as outras e com outros setores da sociedade.

CAPÍTULO 5

SEGURANÇA E ORDEM MUNDIAL

DESDE O PRIMEIRO registro histórico, a segurança é o mínimo que uma sociedade organizada deseja conquistar. As culturas tinham valores diferentes, assim como cada unidade política tinha os próprios interesses e aspirações, mas nenhuma sociedade que não conseguisse se defender — sozinha ou com a ajuda de outras sociedades mediante um acordo — resistiu.

Em todas as eras, as sociedades, a fim de terem um predomínio sobre as outras, procuraram transformar os avanços tecnológicos em métodos cada vez mais eficazes de vigilância contra ameaças, obter meios superiores de prontidão, ter influência além de suas fronteiras e — em caso de guerra — habilitar seus soldados em busca de maior segurança. Para as primeiras sociedades organizadas, os avanços na metalurgia, na arquitetura de fortes, na potência e construção naval foram, muitas vezes, decisivos. No início da era moderna, foram as inovações em armas de fogo e canhões, em embarcações navais e instrumentos e técnicas de navegação que desempenharam um papel comparável. Ao refletir sobre essa dinâmica eterna, o teórico militar prussiano Carl von Clausewitz, em seu clássico de 1832, *Da Guerra*, observou: "A força, para combater a força oposta, equipa-se com as invenções da arte e da ciência."[1]

Algumas inovações, como a construção de muralhas e de fossos, ajudaram a armar a defesa. No entanto, século após século, era dado um prêmio a quem adquirisse meios de projeção de poder a distâncias e com velocidade e força cada vez maiores. Na época da Guerra Civil Americana (1861–65) e da Guerra Franco-prussiana (1870–71), os conflitos militares entraram na era da máquina, assumindo gradualmente as características de uma guerra total — com a produção industrializada de armas, instruções sendo repassadas por telégrafo, e tropas e material sendo transportados por via férrea através de distâncias continentais.

Com o aumento de poder, as grandes potências mundiais tomaram umas às outras como parâmetro — avaliando qual lado prevaleceria em um conflito, quais seriam os riscos e as perdas de uma possível vitória, o que justificaria isso e como a entrada de outra potência mundial e de seu arsenal afetaria o resultado. As capacidades, os objetivos e as estratégias de diversas nações foram estabelecidos, ao menos teoricamente, em equilíbrio ou balanço de poder.

No século passado, a medição da estratégia dos meios para obter o fim foi além do normal. As tecnologias usadas para buscar segurança se multiplicaram e se tornaram mais destrutivas, mesmo que as estratégias de usá-las para alcançar objetivos definidos tenham se tornado mais evasivas. Em nossa era, o advento dos recursos cibernéticos e da IA está adicionando níveis novos e extraordinários de complexidade e abstração a esses cálculos.

A Primeira Guerra Mundial (1914–18) foi um sinal de disjunção nesse processo. No início de 1900, as principais potências da Europa — com economias avançadas, comunidades científicas e intelectuais pioneiras e confiança ilimitada em suas missões globais — aproveitaram os avanços tecnológicos da Revolução Industrial para construir forças armadas mais modernas. Elas recrutaram uma multidão para formar tropas e acumularam material que podia ser transportado por trem, bem como metralhadoras e outras armas de fogo de carregamento rápido. Desenvolveram métodos avançados de produção para reabastecer arsenais em "velocidade de máquina", armas químicas (cujo uso foi proibido, uma proibição que a maioria os governos aceitou, mas não todos), navios blindados e tanques rudimentares. Elaboraram estratégias pautadas na obtenção de vantagem por meio de uma rápida mobilização e de alianças pautadas nas fortes promessas entre os aliados para se mobilizarem em conjunto, de maneira rápida e completa, mediante provocação. Quando surgiu uma crise, mesmo sem um significado global inerente — o assassinato do herdeiro do trono dos Habsburgos por um nacionalista sérvio —, as grandes potências da Europa seguiram esses planos e entraram em um conflito generalizado. O resultado foi uma catástrofe que destruiu uma geração, tudo em busca de resultados que não tinham relação com os objetivos originais de guerra de nenhuma das partes. Três impérios testemunharam o colapso de suas instituições. Mesmo os vitoriosos ficaram esgotados por décadas e tiveram seus papéis internacionais diminuídos permanentemente. Uma combinação de inflexibilidade diplomática, tecnologia militar avançada e planos de mobilização precipitados gerou um círculo vicioso, tornando a guerra global possível e, também, inevitável. As baixas foram tão enormes que a necessidade de justificá-las tornou impossível o compromisso entre os países.

Apesar de toda a atenção, disciplina e recursos que as grandes potências dedicaram a seus arsenais, desde aquele cataclismo, elas ampliaram os enigmas da estratégia moderna. No final da Segunda Guerra Mundial e durante as primeiras décadas da Guerra Fria, as duas superpotências competiam para construir armas nucleares e sistemas de lançamento intercontinental — capacidades cuja vasta destrutividade provou ser plausivelmente relacionada apenas aos objetivos estratégicos mais graves e totais. Observando o primeiro teste de armas nucleares nos desertos do Novo México, o físico J. Robert Oppenheimer, um dos pais da bomba atômica, foi levado a invocar não as máximas estratégicas de Clausewitz, mas uma linha da escritura hindu, o Bhagavad Gita: "Agora me tornei a Morte, a destruidora de mundos." Esse insight pressagiava o paradoxo central da estratégia da Guerra Fria: que a tecnologia de armas dominante da época nunca foi usada. A destrutividade das armas permaneceu desproporcional aos objetivos alcançáveis que não fossem a pura sobrevivência.

Durante a Guerra Fria, não houve conexão entre as capacidades e os objetivos — ou, pelo menos, não de maneira que conduzisse ao desenvolvimento claro da estratégia. Os países mais poderosos construíram potências militares tecnologicamente avançadas e sistemas de alianças regionais e globais, mas não os usaram uns contra os outros, em conflitos com países menores ou em movimentos armados com arsenais mais rudimentares — uma amarga verdade vivida pela França na Argélia, pelos Estados Unidos na Coreia, e pelos Estados Unidos e pela União Soviética no Afeganistão.

A ERA DA GUERRA CIBERNÉTICA E A IA

Atualmente, após a Guerra Fria, as grandes potências e outros Estados aumentaram seus arsenais com capacidades cibernéticas cuja utilidade deriva, em grande parte, da opacidade e da negação e, em alguns casos, da operação nas fronteiras ambíguas da desinformação, da coleta de inteligência, da sabotagem e do conflito tradicional — criando estratégias sem doutrinas reconhecidas. Enquanto isso, cada avanço vem sendo combinado lado a lado com novas vulnerabilidades.

A era da IA corre o risco de complicar ainda mais os enigmas da estratégia moderna para além da intenção humana — ou talvez da compreensão humana como um todo. Mesmo que as nações se abstenham do uso generalizado das chamadas armas autônomas letais — armas automáticas ou semiautomáticas de IA que são treinadas e autorizadas a escolher os próprios alvos e atacar sem precisar de autorização humana —, a IA tem a perspectiva de aumentar as capacidades convencionais, nucleares e cibernéticas de forma a tornar as relações de segurança entre as nações rivais mais difíceis de prever e manter, e os conflitos mais difíceis de limitar.

As potenciais funções defensivas da IA operam em muitos níveis e, em breve, podem se tornar indispensáveis. Os jatos pilotados por IA já demonstraram uma capacidade considerável de superar pilotos humanos em combates aéreos simulados. Ao usar alguns dos mesmos princípios gerais que tornaram possíveis as vitórias do AlphaZero e a descoberta da halicina, a IA é capaz de identificar padrões de conduta que mesmo um adversário não planejou ou notou e, em seguida, recomendar métodos para combatê-los. A IA pode permitir a tradução simultânea ou a transmissão instantânea de outras informações importantes para as pessoas em zonas de crise, cuja capacidade de entender seus arredores ou de se fazer entender pode ser crucial para uma missão ou para sua segurança pessoal.

Nenhum grande país pode se dar ao luxo de ignorar as dimensões de segurança da IA. Está acontecendo uma corrida pela vantagem estratégica de seu uso, principalmente entre os Estados Unidos e a China e, até certo ponto, a Rússia.[2] À medida que se sabe — ou se suspeita — que outros países estão obtendo certas capacidades de IA, mais nações as buscam. Uma vez introduzidos, esses recursos podem se espalhar rapidamente. Embora o desenvolvimento de uma IA sofisticada exija poder computacional considerável, a proliferação ou operação da IA geralmente não exige.

A solução para essas complexidades não é se desesperar nem se desarmar. Existem tecnologias nucleares, cibernéticas e de IA. Cada uma, inevitavelmente, desempenhará um papel na estratégia. Nenhuma será "desinventada". Se os Estados Unidos e seus aliados recuarem diante das implicações dessas capacidades e interromperem o progresso delas, o resultado não seria um mundo mais pacífico. Em vez disso, seria um mundo menos equilibrado, no qual o desenvolvimento e o uso das capacidades estratégicas mais formidáveis ocorreriam com menos consideração pelos conceitos de responsabilidade democrática e equilíbrio internacional. Tanto o interesse nacional quanto o imperativo moral aconselham que os Estados Unidos não abram mão desses setores — na verdade, os Estados Unidos deveriam se esforçar para estruturá-los.

O progresso e a competição nesses setores envolverão transformações que testarão os conceitos tradicionais de segurança. Antes que essas transformações atinjam um ponto de inexorabilidade, algum esforço deve ser feito para definir doutrinas estratégicas relacionadas à IA e compará-las com as de outras autoridades em IA (Estados e agentes não estatais). Nas próximas décadas, precisaremos alcançar um equilíbrio de poder que dê conta da intangibilidade dos conflitos cibernéticos e da desinformação em massa, bem como das qualidades distintivas da guerra facilitada pela IA. O realismo nos obriga a reconhecer que os rivais na área da IA, mesmo enquanto competem, devem se esforçar para explorar a definição de limites no desenvolvimento e no uso das capacidades de IA excepcionalmente destrutivas, desestabilizadoras e imprevisíveis. Um esforço sóbrio no controle de armas de IA não está em desacordo com a segurança nacional; é uma tentativa de garantir que a segurança seja buscada e alcançada no contexto de um futuro humano.

ARMAS NUCLEARES E RETENÇÃO

Em épocas anteriores, quando uma nova arma surgia, os militares a integravam em seus arsenais, e os estrategistas elaboravam doutrinas que permitiam o uso na busca de fins políticos. O advento das armas nucleares quebrou esse vínculo. O primeiro, e até agora único, uso de armas nucleares na guerra — pelos Estados Unidos contra Hiroshima e Nagasaki em 1945, que levou, obrigatoriamente, a um rápido fim da Segunda Guerra Mundial no Pacífico — foi imediatamente reconhecido como um divisor de águas. Mesmo quando as principais potências do mundo redobraram seus esforços para dominar a nova tecnologia de armas e incorporá-la em seus arsenais, elas se engajaram em um debate inusitadamente aberto e minucioso sobre as implicações estratégicas e morais de seu uso.

Com poder em uma escala muito maior do que qualquer outra forma de armamento da época, as armas nucleares levantaram questões fundamentais: essa enorme força destrutiva poderia estar relacionada aos elementos tradicionais da estratégia por meio de algum princípio orientador ou de uma lei? O uso de armas nucleares poderia ser conciliado com objetivos políticos que não sejam a guerra total e a destruição mútua? A bomba admitiria um uso gradual, proporcional ou tático?

Até o momento, a resposta variou de ambígua a negativa. Mesmo durante o breve período em que os Estados Unidos detiveram o monopólio nuclear (de 1945 a 1949) — e no período um pouco mais longo durante o qual detinham sistemas de entrega nuclear consideravelmente mais eficazes —, eles nunca desenvolveram uma doutrina estratégica ou identificaram um princípio moral que os persuadisse a usar armas nucleares em um conflito real depois da Segunda Guerra Mundial. Após isso, na ausência de margens legais claras que tenham sido mutuamente acordadas pelas potências nucleares existentes — e talvez nem mesmo então —, nenhum formulador de políticas poderia saber o que viria após um uso "limitado" e se este permaneceria limitado. Até o momento, não foi feita nenhuma tentativa como essa. Durante uma crise de 1955 sobre bombardeios no Estreito de Taiwan, o presidente Eisenhower, ao ameaçar a República Popular da China — que, à época, não detinha nenhum armamento nuclear

— caso ela não diminuísse os bombardeios, observou que não via razão para que as armas nucleares táticas não pudessem ser usadas "exatamente como você usaria uma bala ou qualquer outra coisa".[3] Quase sete décadas depois, nenhum líder testou essa hipótese ainda.

Em vez disso, durante a Guerra Fria, o objetivo primordial da estratégia nuclear tornou-se a *dissuasão* — do uso de armas, principalmente por meio de uma vontade declarada de implantá-las, para impedir que um adversário aja, iniciando um conflito ou usando suas próprias armas nucleares. A dissuasão nuclear era, basicamente, uma estratégia psicológica de objetivos negativos. Destinava-se a persuadir um oponente a não agir por meio de uma ameaça de um contra-ataque. Essa dinâmica dependia tanto das capacidades físicas de um Estado quanto de uma qualidade intangível: o estado de espírito do potencial agressor e a capacidade do oponente de controlá-lo. Vista através das lentes da dissuasão, a aparente fraqueza pode ter as mesmas consequências que uma deficiência real; um blefe levado a sério poderia ser um impedimento mais útil do que uma ameaça genuína que foi ignorada. Única entre as estratégias de segurança (pelo menos até agora), a dissuasão nuclear repousa em uma série de abstrações não testáveis: o poder dissuasor não poderia provar como ou por qual margem algo foi impedido.

Apesar desses paradoxos, os arsenais nucleares foram incorporados aos conceitos básicos da ordem internacional. Quando os Estados Unidos detinham o monopólio nuclear, seu arsenal foi usado para deter ataques convencionais e estender um "guarda-chuva nuclear" sobre países livres ou aliados. Um avanço soviético pela Europa Ocidental foi refreado pela perspectiva, ainda que remota ou abstrata, de que os Estados Unidos usariam armas nucleares para deter o ataque. Uma vez que a União Soviética cruzou o limiar nuclear, o objetivo principal das armas nucleares de ambas as superpotências tornou-se cada vez mais dissuadir o uso dessas armas pelo outro lado. A existência de capacidades nucleares de "sobrevivência" — isto é, armas nucleares que poderiam ser lançadas em um contra-ataque após o hipotético primeiro ataque de um adversário — foi invocada para deter a própria guerra nuclear. E atingiu esse objetivo no que diz respeito ao conflito entre as superpotências.

Os hegemônicos da Guerra Fria gastaram enormes recursos na expansão de suas capacidades nucleares, ao mesmo tempo em que seus arsenais se distanciavam cada vez mais da condução da estratégia cotidiana. A posse desses arsenais não impediu os Estados não nucleares — China, Vietnã, Afeganistão — de desafiar as superpotências, nem impediu os países da Europa Central e Oriental de exigir autonomia de Moscou.

Durante a Guerra da Coreia, a União Soviética era a única potência nuclear além dos Estados Unidos, e estes tinham uma vantagem decisiva no número de armas e meios de lançamento. No entanto, os formuladores de políticas norte-americanos se abstiveram de usá-los, optando por sofrer dezenas de milhares de baixas em batalhas, ao estilo da Primeira Guerra Mundial, contra as forças não nucleares chinesas e norte-coreanas alinhadas (em retrospecto, tenuemente) aos soviéticos em vez de abraçar a incerteza ou a vergonha moral da escalada nuclear. Desde então, toda potência nuclear que enfrenta um oponente não nuclear chegou à mesma conclusão, mesmo quando enfrenta uma derrota nas mãos de seu inimigo não nuclear.

Durante essa época, os formuladores de políticas não queriam estratégias. Sob a doutrina de retaliação maciça dos anos 1950, os Estados Unidos ameaçavam responder a *qualquer* ataque, nuclear ou convencional, com uma escalada nuclear maciça. No entanto, uma doutrina concebida para transformar qualquer conflito, por menor que seja, em Armagedon provou ser psicológica e diplomaticamente insustentável — bem como parcialmente ineficaz. Em resposta, alguns estrategistas propuseram leis que permitiriam o uso de armas nucleares táticas em uma guerra nuclear limitada.[4] No entanto, essas propostas fracassaram em razão de preocupações com relação à escalada e aos limites. Os formuladores de políticas temiam que as linhas legais propostas pelos estrategistas fossem ilusórias demais para impedir a escalada para uma guerra nuclear global. Como resultado, a estratégia nuclear permaneceu focada na dissuasão e na garantia de credibilidade das ameaças, mesmo sob condições apocalípticas para além daquelas que qualquer ser humano já tenha experimentado durante a guerra.

Os Estados Unidos distribuíram suas armas geograficamente e construíram uma tríade (terra, mar e ar) de meios de lançamento, garantindo que mesmo um primeiro ataque-surpresa de um adversário não impediria os Estados Unidos de armarem uma resposta devastadora.[5] Os soviéticos supostamente exploraram o uso de um sistema projetado para ser capaz, uma vez ligado por usuários humanos, de detectar um possível ataque nuclear e disseminar ordens de lançamento para um contra-ataque sem precisar mais da intervenção humana — uma exploração inicial do conceito de guerra semiautomatizada envolvendo a delegação de determinadas funções de comando para uma máquina.[6]

Estrategistas do governo e da academia consideraram inquietante a confiança em ataques nucleares sem uma contrapartida defensiva. Eles exploraram sistemas defensivos que, ao menos em teoria, estenderiam a janela de decisão dos formuladores de políticas durante um impasse nuclear, permitindo uma oportunidade de conduzir a diplomacia — ou, no mínimo, coletar mais informações e corrigir interpretações errôneas. Ironicamente, no entanto, a busca por sistemas defensivos apenas acelerou ainda mais a demanda por armas ofensivas para penetrar as defesas de ambos os lados.

À medida que os arsenais de ambas as superpotências aumentavam, a possibilidade de realmente implantar armas nucleares a serviço da prevenção ou da punição para as ações do outro lado passou a parecer cada vez mais surreal e incrível — uma potencial ameaça à própria lógica de dissuasão. O reconhecimento desse impasse nuclear produziu uma nova doutrina que recebeu um nome tanto ameaçador quanto reconhecidamente sarcástico: destruição mútua assegurada, ou MAD. Como o número de baixas reconhecidas por essa teoria, que reduzia alvos e aumentava a destrutividade, era vasto, cada vez mais, as armas nucleares ficaram limitadas ao domínio da sinalização, incluindo o aumento da prontidão de sistemas e unidades-chave, movendo-se gradualmente em direção aos preparativos para um lançamento nuclear, de maneiras que deveriam ser anunciadas e notadas. Mas mesmo o envio desses sinais foi feito com moderação, para que os adversários não os interpretassem mal e desencadeassem uma catástrofe global. Em busca de segurança, a humanidade produziu a mais poderosa das armas e, junto com ela, elaborou doutrinas estratégicas. Como resultado disso, espalhou-se uma onda de ansiedade de que tal armamento pudesse ser usado. E o controle de armas foi um conceito planejado para amenizar esse dilema.

CONTROLE DE ARMAS

Enquanto a dissuasão buscava prevenir a guerra nuclear por meio da ameaça, o controle de armas visava prevenir a guerra nuclear por meio da limitação ou mesmo da abolição das próprias armas (ou de categorias de armas). Essa abordagem foi combinada com a de não proliferação: o conceito, sustentado por um elaborado conjunto de tratados, salvaguardas técnicas e mecanismos de controle regulatórios, entre outros, de que as armas nucleares, o conhecimento e a tecnologia que eram a base de sua construção devem ser impedidos de se espalharem além das nações que já os detinham. Não houve nenhuma tentativa, nessa escala, de fazer isso antes para qualquer tecnologia de armas — nem o controle de armas, nem as medidas de não proliferação. Até o momento, nenhuma das estratégias foi totalmente bem-sucedida; tampouco foi levada a sério no que diz respeito às principais novas classes de armas — cibernéticas e IA — que foram inventadas na era pós-Guerra Fria. No entanto, à medida que os participantes nas áreas nucleares, cibernéticas e de IA se multiplicam, a era do controle de armas ainda apresenta lições dignas de consideração.

Após a ameaça nuclear e, aparentemente, o quase conflito da Crise dos Mísseis de Cuba (em outubro de 1962), as duas superpotências à época, Estados Unidos e União Soviética, buscaram limitar a competição nuclear por meio da diplomacia. Mesmo enquanto aumentavam seus arsenais e os arsenais chineses, britânicos e franceses se envolviam em um cálculo de dissuasão, Washington e Moscou autorizaram seus negociadores a se engajarem em um diálogo mais firme sobre o controle de armas. De maneira cautelosa, eles testaram os limites na contagem de armas nucleares e das capacidades que seriam compatíveis com a manutenção do equilíbrio estratégico. Os dois lados, enfim, concordaram em limitar não apenas seus arsenais ofensivos, mas também suas capacidades defensivas, seguindo a lógica paradoxal da dissuasão, em que a vulnerabilidade era mantida para garantir a paz. O resultado foi o acordo de Limitação de Armas Estratégicas e o Tratado de Mísseis Antibalísticos, da década de 1970, e, por fim, o Tratado de Redução de Armas Estratégicas (START), de 1991. Em todos os casos, os limites estabelecidos em relação às armas ofensivas preservaram a capacidade de destruição das superpotências — e, presumivelmente, serviram para dissuadir uns aos outros e, ao mesmo tempo, moderar as corridas armamentistas inspiradas por estratégias de dissuasão.

Embora permanecessem adversários e continuassem a lutar por vantagens estratégicas, Washington e Moscou ganharam uma medida de certeza em seus cálculos por meio de negociações de controle de armas. Ao educar um ao outro sobre suas capacidades estratégicas e concordar com certos limites básicos e mecanismos de verificação, ambos procuraram lidar com o medo de que o outro aproveitasse uma vantagem em uma classe de armas nucleares para, repentinamente, atacar primeiro.

Em última análise, essas iniciativas foram além do objetivo de autocontenção para desencorajar vigorosamente uma maior proliferação dessas armas. Em meados da década de 1960, os Estados Unidos e a Rússia deram origem a um regime de multicompromisso e multimecanismo destinado a proibir todos, exceto os Estados nucleares originais, de adquirir ou possuir armas nucleares — em troca de compromissos para ajudar outros Estados a aproveitarem a tecnologia nuclear para usar como energia renovável. Esses resultados foram facilitados por um sentimento compartilhado distinto sobre armas nucleares — na política, na cultura e nas relações entre líderes individuais da Guerra Fria —, que reconhecia que uma guerra nuclear entre grandes potências envolveria decisões irreversíveis e riscos únicos para o vencedor, o vencido e os espectadores.

As armas nucleares apresentaram dois enigmas persistentes, e relacionados um ao outro, aos formuladores de políticas: como definir a superioridade e como limitar a inferioridade. Em uma época em que as duas superpotências detinham armamento suficiente para destruir o mundo diversas vezes, o que significava superioridade? Uma vez que um arsenal foi construído e implantado de maneira confiável, a ligação entre a aquisição de armas adicionais, as vantagens obtidas e os objetivos atendidos tornou-se obscura. Ao mesmo tempo, algumas poucas nações adquiriram os próprios arsenais nucleares modestos, calculando que precisavam apenas de um arsenal suficiente para causar destruição — e não alcançar a vitória —, a fim de impedir ataques.

O acordo de não usar armas nucleares não é uma conquista propriamente permanente. É uma condição que deve ser assegurada por toda geração sucessiva de líderes — ao ajustar as implantações e as capacidades de suas armas mais destrutivas a uma tecnologia que evolui a uma velocidade sem precedentes. Isso se tornará particularmente desafiador à medida que novos participantes com doutrinas estratégicas e atitudes variadas em relação à imposição deliberada de baixas civis procuram desenvolver capacidades nucleares e conforme as equações de dissuasão se tornam cada vez mais difusas e incertas. Nesse mundo repleto de paradoxos estratégicos sem resolução, novas capacidades e complexidades estão surgindo.

O primeiro deles é o conflito cibernético, que ampliou as vulnerabilidades, a área de disputas estratégicas e a variedade de opções disponíveis aos participantes. O segundo é a IA, que tem a capacidade de transformar a estratégia de armas convencionais, nucleares e cibernéticas. O surgimento de novas tecnologias agravou os dilemas envolvendo as armas nucleares.

CONFLITO NA ERA DIGITAL

Ao longo da história, a influência política de uma nação tendeu a ser aproximadamente correlativa ao seu poder militar e às suas capacidades estratégicas — sua capacidade de causar danos a outras sociedades, mesmo que exercidos principalmente por meio de ameaças implícitas. No entanto, um equilíbrio baseado em um cálculo de poder não é estático ou autossustentável; em vez disso, ele se baseia primeiro em um consenso sobre os elementos constitutivos do poder e os limites legítimos de seu uso. Da mesma forma, manter o equilíbrio requer análises coerentes entre todos os membros do sistema — especialmente entre os rivais — sobre as capacidades e as intenções relativas dos Estados, bem como sobre as consequências da agressão. Por fim, a preservação do equilíbrio requer um balanceamento verdadeiro e reconhecido. Quando um participante do sistema aumenta seu poder sobre os outros de maneira desproporcional, o sistema tentará se ajustar — seja por meio da organização de forças compensatórias ou pela acomodação de uma nova realidade. Quando o cálculo de equilíbrio se torna incerto, ou quando as nações chegam a cálculos essencialmente diferentes de poder relativo, o risco de um conflito por erro de cálculo alcança seu limite.

Em nossa era, esses cálculos entraram em uma nova esfera de abstração. Essa transformação inclui as chamadas armas cibernéticas, uma classe de armas que envolve capacidades civis de uso duplo, de modo que seu status como arma é ambíguo. Em alguns casos, sua utilidade em exercer e aumentar o poder deriva, em grande parte, de seus usuários não divulgarem sua existência ou não reconhecerem todo o seu leque de capacidades. Tradicionalmente, as partes de um conflito não tinham dificuldade em reconhecer que um confronto havia ocorrido ou quem eram os beligerantes. Os oponentes calculavam as capacidades dos rivais e avaliavam a velocidade com que seus arsenais poderiam ser posicionados. Na esfera cibernética, não há como fazer essa leitura tradicional.

Armas convencionais e nucleares existem no espaço físico, onde a implantação delas pode ser percebida e suas capacidades podem, ao menos, ser calculadas grosseiramente. Quanto às armas cibernéticas, uma parte importante da utilidade delas deriva de sua obscuridade; sua revelação pode, efetivamente, degradar algumas de suas capacidades. As invasões relacionadas a essa classe de armas exploram falhas no software não reveladas anteriormente, obtendo acesso a uma rede ou a um sistema sem a permissão ou o conhecimento do usuário autorizado. Na contingência de ataques de negação de serviço distribuído (DDoS) (como em sistemas de comunicação), uma enorme quantidade de solicitações de informações aparentemente válidas pode ser usada para sobrecarregar os sistemas e torná-los indisponíveis para o uso pretendido. Nesses casos, as verdadeiras fontes do ataque podem ser mascaradas, tornando difícil ou praticamente impossível determinar (pelo menos no momento) quem está atacando. Mesmo um dos casos mais famosos de sabotagem industrial cibernética — a interrupção do Stuxnet de computadores de controle de fabricação usados nos esforços nucleares iranianos — não foi formalmente reconhecido por nenhum governo.

Armas convencionais e nucleares viram alvo com relativa precisão, e imperativos morais e legais determinam que elas tenham como alvo forças e instalações militares. As armas cibernéticas podem afetar amplamente os sistemas de computação e comunicação, muitas vezes atingindo sistemas civis com uma força particular. Elas também podem ser cooptadas, modificadas e redistribuídas por outros agentes e para outros fins. Em certos aspectos, isso as torna semelhantes a armas biológicas e químicas, cujos efeitos podem se espalhar de maneiras não intencionais e desconhecidas. Em muitos casos, elas afetam grandes áreas das sociedades, e não somente alvos específicos em um campo de batalha.[7]

Os atributos que conferem às armas cibernéticas sua utilidade tornam o conceito de controle de armas cibernéticas difícil de definir ou buscar. Os negociadores de controle de armas nucleares foram capazes de divulgar ou descrever uma classe de ogivas sem negar a função dessa arma. Os negociadores de controle de armas cibernéticas (que ainda não existem) precisarão resolver o paradoxo de que a discussão sobre a capacidade de uma arma cibernética pode ser a mesma com seu confisco (permitindo ao adversário corrigir uma vulnerabilidade) ou sua proliferação (permitindo que o adversário copie o código ou o método de intrusão).

Esses desafios se tornam mais complexos em virtude da ambiguidade em torno dos principais termos e conceitos cibernéticos. Diversas formas de intrusões cibernéticas, propaganda online e guerra de informação são chamadas — por muitos observadores em diversos contextos — de "guerra cibernética", "ataques cibernéticos" e, em alguns comentários, "ato de guerra". Mas esse vocabulário é instável e, muitas vezes, usado de maneira inconsistente. Algumas atividades, como as invasões em redes para coletar informações, podem ser análogas à coleta de inteligência tradicional — embora em novas escalas. Outros ataques — como as campanhas de interferência eleitoral nas mídias sociais realizadas pela Rússia e outras potências — são uma espécie de propaganda digitalizada, desinformação e intromissão política com maior alcance e impacto do que em eras anteriores. Elas são possíveis devido à expansividade da tecnologia digital e das plataformas digitais nas quais essas campanhas se desenvolvem. Outras ações cibernéticas, ainda, têm a capacidade de infligir impactos físicos semelhantes àqueles sofridos durante os ataques convencionais. A incerteza quanto à natureza, ao âmbito ou à atribuição de uma ação cibernética pode transformar fatores aparentemente básicos em temas de debate — por exemplo, se um conflito teve início, com quem ou o que o conflito envolve e até que ponto da escalada pode haver o conflito entre as partes. Nesse sentido, atualmente os principais países estão engajados em uma espécie de conflito cibernético, embora sem uma natureza ou um âmbito que possa ser definido de imediato.[8]

Um paradoxo central da nossa era digital é que quanto maior a capacidade digital de uma sociedade, mais vulnerável ela se torna. Computadores, sistemas de comunicação, mercados financeiros, universidades, hospitais, companhias aéreas e sistemas de transporte público — até mesmo a mecânica da política democrática — envolvem sistemas que são, em graus variados, vulneráveis à manipulação ou ao ataque cibernético. À medida que as economias avançadas integram sistemas digitais de comando e controle em usinas de energia e redes elétricas, transferem seus programas governamentais para grandes servidores e sistemas em nuvem e transferem dados para livros eletrônicos, sua vulnerabilidade a ataques cibernéticos se multiplica. Assim, elas apresentam um conjunto mais rico de alvos para que um ataque bem-sucedido possa ser substancialmente devastador. Por outro lado, no caso de haver uma ruptura digital, o Estado que apresenta baixa capacidade tecnológica, a organização terrorista e, inclusive, aqueles que realizam ataques de forma individual podem aferir que têm relativamente muito menos a perder.

O custo comparativamente baixo das capacidades e operações cibernéticas, e a relativa negação que algumas operações cibernéticas podem fornecer, incentivou alguns Estados a usarem agentes semiautônomos para desempenhar funções cibernéticas. Assim como os grupos paramilitares que invadiram os Bálcãs às vésperas da Primeira Guerra Mundial, esses grupos podem ser de difícil controle e podem se envolver em atividades provocativas sem aprovação oficial. Grupos compostos de pessoas que têm como atividade o vazamento de informações e a sabotagem, as quais podem neutralizar significativamente a capacidade cibernética de um Estado ou prejudicar o cenário político de um país (mesmo que essas atividades não cheguem ao nível de um conflito armado tradicional), a velocidade e a imprevisibilidade da esfera cibernética e a variedade de agentes que ela apresenta podem instigar os formuladores de políticas a realizar ações preventivas para evitar um golpe decisivo.[9]

A velocidade e a ambiguidade da esfera cibernética favoreceram o ataque — e incentivaram os conceitos de "defesa ativa" e "defesa avançada", que buscam interromper e impedir ataques.[10] O grau em que a dissuasão cibernética é possível depende, em parte, do que um defensor visa dissuadir e como o sucesso é medido. Os ataques mais eficazes geralmente são aqueles que ocorrem (muitas vezes sem o reconhecimento imediato ou formal) abaixo do limiar das definições tradicionais de conflito armado. Nenhum grande agente cibernético, governamental ou não governamental, divulgou toda a gama de suas capacidades ou de suas atividades — nem mesmo para impedir ações de outros agentes. A estratégia e a doutrina estão evoluindo de maneira incerta em uma esfera bastante sombria, mesmo quando novas capacidades estão surgindo. Estamos no início de uma fronteira estratégica que requer exploração sistêmica e uma estreita colaboração entre governo e indústria para garantir capacidades de segurança competitivas e — a tempo e com as devidas salvaguardas — uma discussão entre as principais potências a respeito de limites.

A IA E A DISRUPÇÃO NA SEGURANÇA

A destrutividade das armas nucleares e os mistérios que envolvem as armas cibernéticas são cada vez mais acompanhados por novas classes de aptidões que se baseiam nos princípios da inteligência artificial discutidos nos capítulos anteriores. Silenciosamente, às vezes até de maneira hesitante, porém com um impulso inconfundível, as nações estão desenvolvendo e implantando uma IA que facilita a ação estratégica em uma ampla variedade de aptidões militares, com efeitos potencialmente revolucionários na política de segurança.[11]

A introdução da lógica não humana nos sistemas e processos militares transformará a estratégia. O treinamento de militares e de serviços de segurança ou a parceria com a IA alcançará insights e influência surpreendentes e, algumas vezes, perturbadores. Essas parcerias podem negar ou reforçar decisivamente os aspectos das estratégias e as táticas tradicionais. Se for delegada à IA uma medida de controle sobre armas cibernéticas (ofensivas ou defensivas) ou armas físicas, como aeronaves, ela poderá realizar funções mais rapidamente do que os humanos são capazes de realizar com certa dificuldade. As IAs como o ARTUμ da Força Aérea dos EUA já pilotaram aviões e operaram sistemas de radar durante voos de teste. No caso do ARTUμ, os desenvolvedores da IA a projetaram para realizar "chamadas finais" sem intervenção humana, porém limitaram suas aptidões a pilotar um avião e operar um sistema de radar.[12] Outros países e equipes de desenvolvimento podem fazer menos restrições.

Além da utilidade potencialmente transformadora, a capacidade da IA de ter autonomia e uma lógica distinta gera uma camada de incalculabilidade. A maioria das estratégias e táticas militares tradicionais tem como base a hipótese de um oponente humano, cuja conduta e cálculo de tomada de decisões se encaixam em uma estrutura que pode ser reconhecida ou que foram definidos por meio da experiência e da sabedoria convencional. Ao pilotar uma aeronave ou escanear alvos, no entanto, uma IA segue uma lógica própria, que pode ser incompreensível para um oponente e inacessível aos sinais e simulações tradicionais — e que, na maioria dos casos, avançará mais rápido do que a velocidade do pensamento humano.

A guerra sempre foi uma esfera de incerteza e contingência, mas a entrada da IA nesse espaço introduzirá novas dimensões. Como as IAs são dinâmicas e emergentes, mesmo os poderes que constroem ou empunham uma arma projetada ou operada por IA podem não saber exatamente quão poderosa ela é ou exatamente o que ela fará em determinada situação. Como é possível desenvolver uma estratégia — ofensiva ou defensiva — para algo que percebe aspectos do ambiente que os humanos não são capazes de perceber — ou pelo menos não tão rapidamente — e que consegue aprender e mudar por meio de processos que, em alguns casos, excedem o ritmo ou o alcance do pensamento humano? Se os efeitos de uma arma assistida por IA dependem da percepção desta durante o combate — e das conclusões que ela tira dos fenômenos que percebe —, os efeitos estratégicos de algumas armas podem ser comprovados apenas por meio de seu uso? Se um oponente treina uma IA em silêncio e em segredo, há como os líderes saberem — fora de um conflito — se estão à frente ou atrás em uma corrida armamentista?

Em um conflito tradicional, a psicologia do adversário é um ponto focal essencial na mira da ação estratégica. Um algoritmo reconhece apenas as instruções e os objetivos que lhe são passados, não o moral ou a dúvida. Devido ao potencial da IA de se adaptar em resposta aos fenômenos com que se depara, quando dois sistemas de armas de IA são colocados um contra o outro, provavelmente nenhum dos dois será capaz de compreender exatamente os resultados gerados por sua interação ou seus efeitos colaterais. Elas podem conseguir distinguir, de maneira imprecisa, apenas as capacidades e penalidades da outra parte por entrar em um conflito. Para os engenheiros e empreiteiros, essas limitações podem aumentar a velocidade, a amplitude de efeitos e a resistência — atributos que podem deixar os conflitos mais intensos, fazer com que eles sejam sentidos por ambas as partes e, acima de tudo, torná-los mais imprevisíveis.

Ao mesmo tempo, mesmo com a IA, uma defesa forte é um pré-requisito de segurança. O desamparo unilateral da nova tecnologia é impossibilitado por sua onipresença. No entanto, mesmo enquanto se armam, os governos devem avaliar e buscar explorar como a adição da lógica da IA à experiência humana de batalha pode tornar a guerra mais humana e precisa e refletir sobre o seu impacto na diplomacia e na ordem mundial.

A IA e o aprendizado de máquina mudarão as opções estratégicas e táticas dos agentes, expandindo as capacidades das classes de armas existentes. A IA não somente pode permitir que armas convencionais sejam direcionadas com mais precisão, como também pode permitir que elas sejam direcionadas de maneiras novas e não convencionais — como (pelo menos em teoria) em uma pessoa ou um objeto específico em vez de um local.[13] Ao analisar grandes quantidades de informações, as armas cibernéticas assistidas por IA são capazes de aprender a penetrar as defesas sem exigir que os humanos descubram falhas de software que possam ser exploradas. Da mesma forma, a IA também pode ser usada como defesa, localizando e reparando falhas antes que estas sejam exploradas. Mas, como o atacante pode escolher o alvo, ela dá à parte ofensiva uma vantagem própria, se não insuperável.

Se um país enfrenta um combate com um adversário que treinou sua IA para pilotar aviões, tomar decisões independentes de direcionamento e atirar, quais mudanças nas táticas, na estratégia ou na prontidão em recorrer a armas maiores (ou mesmo nucleares) a incorporação dessa tecnologia produzirá?

A IA abre novos horizontes de recursos no espaço da informação, inclusive na esfera da desinformação. A IA generativa é capaz de criar grandes quantidades de informações falsas, porém plausíveis. A desinformação facilitada pela IA e a guerra psicológica, incluindo o uso de personagens, fotos, vídeos e discursos elaborados artificialmente, estão prestes a produzir novas vulnerabilidades inquietantes, particularmente para sociedades livres. Demonstrações amplamente compartilhadas produziram fotos e vídeos aparentemente realistas de figuras públicas dizendo coisas que nunca disseram. Em teoria, a IA poderia ser usada para determinar as formas mais eficazes de distribuir esse conteúdo falso gerado por IA, adaptando-o de acordo com preconceitos e expectativas. Se a imagem falsa de um líder nacional for manipulada por um adversário para fomentar a discórdia ou emitir diretivas enganosas, será que o público (ou mesmo outros governos e autoridades) conseguirá perceber esse engano a tempo?

Em contraste com o setor de armas nucleares, nenhuma proibição amplamente compartilhada e nenhum conceito claro de dissuasão (ou de graus de escalada) atendem a esses usos da IA. Armas assistidas por IA, tanto físicas quanto cibernéticas, estão sendo preparadas por rivais dos EUA, e algumas, inclusive, já estão sendo usadas.[14] Os poderes da IA estão em posição de implantar máquinas e sistemas que exercem uma lógica rápida e um comportamento emergente e evolutivo para atacar, defender, vigiar, espalhar desinformação e identificar e desativar a IA uns dos outros.

À medida que as capacidades transformadoras da IA evoluem e se espalham, as principais nações continuarão — na ausência de restrições verificáveis — a se esforçar para alcançar uma posição superior.[15] Elas assumirão que a proliferação da IA ocorrerá assim que forem introduzidos novos recursos úteis de IA. Como resultado, auxiliado pelo uso tanto civil quanto militar dessa tecnologia e sua facilidade de cópia e transmissão, os fundamentos da IA e as principais inovações serão, em grande medida, públicos. Nos locais onde as IAs são controladas, esses controles podem se mostrar imperfeitos — seja porque os avanços na tecnologia os tornam obsoletos ou porque se mostram permeáveis a determinado agente. Os novos usuários podem adaptar algoritmos fundamentais em razão de objetivos muito diferentes. Uma inovação comercial de uma sociedade pode ser adaptada por outra para fins de segurança ou de guerra de informação. Os aspectos mais estrategicamente significativos do desenvolvimento de uma IA de ponta serão frequentemente adotados pelos governos para atender aos seus conceitos de interesse nacional.

Os esforços para conceituar um equilíbrio cibernético de poder e dissuasão da IA estão em sua concepção, se é que existe algum. Até que esses conceitos sejam definidos, o planejamento terá uma qualidade abstrata. Em um conflito, uma das partes pode tentar dominar a vontade do inimigo por meio do uso — ou da ameaça de uso — de uma arma cujos efeitos não são bem compreendidos.

O efeito mais revolucionário e imprevisível pode ocorrer no ponto em que a IA e a inteligência humana se encontram. Historicamente, os países que planejam a batalha foram capazes de entender, ainda que não totalmente, as leis, as táticas e a psicologia estratégica de seus adversários. Isso permitiu que eles desenvolvessem estratégias e táticas adversárias, bem como uma linguagem simbólica de operações militares demonstrativas, como interceptar um jato próximo a uma fronteira ou navegar uma embarcação por uma via navegável disputada. No entanto, onde as forças armadas usam a IA para planejar ou atingir — ou, até mesmo, ajudar durante uma patrulha ou um conflito de maneira dinâmica —, esses conceitos e essas interações familiares podem se tornar estranhas, porque envolverão uma comunicação com uma inteligência cujos métodos e táticas, bem como sua interpretação, não são familiares.

Fundamentalmente, a transição para a IA e para armas e sistemas de defesa assistidos por IA envolve uma medida de confiança em — e, em casos extremos, delegação a — uma inteligência com potencial analítico considerável, operando em um paradigma experiencial fundamentalmente diferente. Essa confiança introduzirá riscos desconhecidos ou mal compreendidos. Por isso, os operadores humanos devem estar envolvidos e posicionados para monitorar e controlar as operações da IA que podem vir a ter efeitos letais. Se essa função humana não for capaz de evitar todos os erros cometidos pela IA, pelo menos garantirá uma atuação moral e responsável.

O maior desafio, no entanto, pode ser filosófico. Se os aspectos da estratégia vierem a operar em esferas conceituais e analíticas que são acessíveis à IA, mas não à razão humana, eles se tornarão opacos — em seus processos, seu alcance e significado máximo. Se os formuladores de políticas concluírem que é necessária a assistência da IA para vasculhar os padrões mais profundos da realidade, a fim de entender as aptidões e as intenções dos adversários (que podem colocar em jogo a própria IA) e responder a eles em tempo hábil, pode ser inevitável delegar as principais decisões às máquinas. É provável que as sociedades atinjam limites instintivos diferentes sobre o que delegar e quais riscos e consequências aceitar. Os principais países não devem esperar uma crise acontecer para iniciar um diálogo sobre as implicações — estratégicas, legais e morais — dessas evoluções. Se o fizerem, seu impacto provavelmente será irreversível. Deve haver uma tentativa internacional urgente de limitar esses riscos.

GERENCIANDO A IA

Essas questões devem ser consideradas e compreendidas antes que os sistemas inteligentes sejam enviados para se confrontarem. Eles adquirem uma urgência adicional porque o uso estratégico de recursos cibernéticos e da IA implica uma área mais ampla para disputas estratégicas. Eles se estenderão além dos campos de batalha históricos para, de certa forma, qualquer lugar conectado a uma rede digital. Na atualidade, os programas digitais controlam uma grande e crescente esfera de sistemas físicos, e um número cada vez maior desses sistemas — em alguns casos, inclusive fechaduras de portas e geladeiras — está conectado em rede. Isso gerou um sistema de complexidade, alcance e vulnerabilidade impressionantes.

Com relação à IA, é fundamental buscar alguma forma de compreender e limitar seus poderes. Nos casos em que os sistemas e recursos são alterados de maneira fácil e relativamente indetectável por uma mudança no código de computador, cada grande governo pode presumir que os adversários estão dispostos a levar a pesquisa, o desenvolvimento e a implantação de IAs estrategicamente sensíveis um passo além do que reconheceram publicamente ou mesmo do que foi prometido em particular. De uma perspectiva puramente *técnica*, é relativamente fácil cruzar a linha entre o engajamento da IA em relação ao reconhecimento, ao direcionamento e à ação autônoma letal — tornando a busca por sistemas de restrição e verificação mútua tão difícil quanto necessária.

A busca por segurança e restrição terá que enfrentar a natureza dinâmica da IA. Uma vez que as armas cibernéticas facilitadas por IA são lançadas ao redor do mundo, elas podem ser capazes de se adaptar e aprender muito além de seus alvos pretendidos; as próprias capacidades dessa arma podem mudar à medida que a IA reage ao ambiente em que foi introduzida. Se as armas tiverem essa capacidade de mudança e vierem a se tornar diferentes com relação ao alcance ou ao tipo de arma que seus criadores anteciparam ou prenunciaram, os cálculos de dissuasão e escalada podem se tornar irreais. Por causa disso, a variedade de atividades que uma IA é capaz de realizar, tanto na fase inicial do projeto quanto durante a fase de implantação, pode precisar de ajustes para que um humano consiga monitorá-la continuamente e desligar ou redirecionar um sistema que tenha começado a se desviar de suas funções. Para evitar resultados inesperados e potencialmente catastróficos, essas restrições devem ser recíprocas.

Será difícil definir as limitações das capacidades da IA e da cibernética, bem como sua proliferação. As capacidades desenvolvidas e usadas pelas grandes potências mundiais têm a possibilidade de cair nas mãos de terroristas e agentes desonestos. Da mesma forma, nações menores que não possuem armas nucleares e que têm uma capacidade limitada de armas convencionais podem exercer uma influência descomunal ao investir em IA de ponta e em arsenais cibernéticos.

Inevitavelmente, os países delegarão tarefas discretas e não letais a algoritmos de IA (algumas operadas por entidades privadas), incluindo o desempenho de funções defensivas que detectam e previnem invasões no ciberespaço. A "superfície de ataque" de uma sociedade digital altamente conectada será extensa demais para que os operadores humanos consigam defendê-la manualmente. À medida que o ambiente online demanda uma mudança em diversos aspectos da vida humana e que as economias continuam a se digitalizar, uma IA cibernética corrupta pode prejudicar setores inteiros. Países, empresas e, até mesmo, as pessoas devem investir em segurança contra falhas no sistema para que não se envolvam em um cenário como esse.

A forma mais extrema de se proteger disso envolverá o corte de conexões de rede e o desligamento dos sistemas. Para as nações, a maneira de se defender definitivamente pode ser simplesmente se desconectar. Sem essas medidas extremas, apenas a IA será capaz de realizar certas funções essenciais de defesa cibernética, em parte por causa da vasta extensão do ciberespaço e da variedade quase infinita de ações possíveis dentro dele. As capacidades defensivas mais significativas nessa esfera, portanto, provavelmente estarão fora do alcance de todas as nações, exceto algumas poucas.

Para além dos sistemas de defesa habilitados por IA, encontra-se a categoria de capacidades mais incômoda — os sistemas de armas autônomas letais — geralmente compreendida por sistemas que, uma vez ativados, conseguem selecionar e engajar alvos sem a intervenção humana complementar.[16] Nessa esfera, a questão mais importante é a supervisão humana e a capacidade de intervenção humana oportuna.

Um sistema autônomo pode ter um humano "no circuito", apenas monitorando suas atividades sem tomar nenhuma atitude, ou "dentro do circuito", sendo necessária a autorização humana para determinadas ações. A menos que seja restringido por um acordo mútuo que seja observado e verificável, o segundo modelo de sistema de armas pode vir a abranger, posteriormente, estratégias e objetivos completos — como defender uma fronteira ou alcançar um resultado específico contra um adversário — e operar sem grande envolvimento humano. Nessas áreas, é indispensável garantir um papel apropriado para o julgamento humano na supervisão e na direção do uso da força. Essas restrições terão significado limitado se forem adotadas apenas unilateralmente — por uma nação ou um pequeno grupo de nações. Os governos de países tecnologicamente avançados devem explorar os desafios da limitação mútua apoiada por uma verificação obrigatória.[17]

A IA aumenta o risco inerente de preempção e do uso prematuro que se transforma em conflito. Um país que teme que o adversário esteja desenvolvendo capacidades automáticas pode tentar se antecipar a isso — se o ataque "for bem-sucedido", pode não haver como saber se ele foi justificado. Para evitar uma escalada não intencional, as grandes potências devem buscar a competição dentro de uma estrutura de limites verificáveis. A negociação não deve focar apenas a moderação de uma corrida armamentista, mas também a garantia de que ambos os lados saibam, em termos gerais, o que o outro está fazendo. Ambos os lados, no entanto, devem esperar (e planejar adequadamente) que o outro retenha seus segredos mais frágeis com relação à segurança da nação. Nunca haverá confiança total. Porém, como as negociações de armas nucleares durante a

Guerra Fria demonstraram, isso não significa que nenhuma medida de entendimento possa ser alcançada.

Levantamos essas questões em uma tentativa de definir os desafios que a IA apresenta à estratégia. Apesar de todos os seus benefícios, os tratados (e os mecanismos de comunicação, aplicação e verificação que os acompanham) que vieram a definir a era nuclear não foram inevitabilidades históricas. Foram produtos da ação humana e de um reconhecimento mútuo do risco — e da responsabilidade.

IMPACTO NAS TECNOLOGIAS CIVIS E MILITARES

Três qualidades têm tradicionalmente facilitado a separação entre as esferas militar e civil: diferenciação tecnológica, controle concentrado e magnitude do efeito. Tecnologias com aplicações exclusivamente militares ou exclusivamente civis são descritas como diferenciadas. O controle concentrado refere-se a tecnologias que um governo pode facilmente gerenciar, em oposição a tecnologias que se espalham facilmente e, portanto, escapam ao controle do governo. Por fim, a magnitude do efeito refere-se ao potencial destrutivo de uma tecnologia.

Ao longo da história, muitas tecnologias foram de uso dual. Outras se espalharam fácil e amplamente, e algumas tiveram um enorme potencial destrutivo. Até agora, porém, nenhuma foi as três coisas juntas: de uso dual, de fácil disseminação e potencial *e* consideravelmente destrutiva. As ferrovias que carregavam mercadorias eram as mesmas que levavam soldados para a batalha — porém não tinham potencial destrutivo. As tecnologias nucleares costumam ser de uso dual e podem gerar uma enorme capacidade destrutiva, mas sua infraestrutura complicada permite um controle governamental relativamente seguro. Um rifle de caça pode ser usado de maneira generalizada e ser aplicado a operações tanto militares quanto civis, mas sua capacidade limitada impede que o portador cause destruição em um âmbito estratégico.

A IA quebra esse paradigma. É enfaticamente de uso dual. Ela se espalha com facilidade — sendo, basicamente, nada mais do que linhas de código: a maioria dos algoritmos (com algumas exceções dignas de nota) pode ser executada em computadores individuais ou em pequenas redes, o que significa que os governos têm dificuldade para controlar a tecnologia por meio do controle de infraestrutura. Por fim, os aplicativos de IA têm um potencial destrutivo considerável. Essa constelação de qualidades relativamente única, quando combinada com a ampla variedade de partes interessadas, gera desafios estratégicos de uma complexidade sem igual.

Armas habilitadas por IA podem permitir que os adversários lancem ataques digitais com uma velocidade excepcional, acelerando drasticamente a capacidade humana de explorar vulnerabilidades digitais. Sendo assim, um Estado pode efetivamente não ter tempo de avaliar os sinais de um ataque recebido. Pode ser necessário, em vez disso, responder imediatamente ou arriscar a incapacidade.[18] Se um Estado apresentar meios, ele pode optar por responder quase de maneira simultânea, antes que o ataque ocorra completamente, ao construir um sistema habilitado por IA, a fim de verificar ataques, e capacitá-lo para contra-atacar.[19] Para o lado oposto, a existência relatada desse sistema e o conhecimento de que ele poderia agir sem aviso prévio podem servir de estímulo para a construção e o planejamento complementares, os quais podem incluir o desenvolvimento de uma tecnologia paralela ou baseada em algoritmos diferentes. A menos que se tome cuidado para desenvolver um conceito comum de limites, a compulsão de agir primeiro pode superar a necessidade de agir com sabedoria — como foi o caso no início do século XX — se os humanos, de fato, participarem dessas decisões.

No mercado de ações, as sofisticadas empresas denominadas Quant reconheceram que os algoritmos de IA são capazes de detectar padrões de mercado e reagir com uma velocidade muito maior do que a do trader mais eficiente. Consequentemente, tais empresas delegaram aos algoritmos o controle sobre determinados aspectos das negociações de valores mobiliários. Em muitos casos, esses sistemas de algoritmos podem exceder os lucros humanos em uma margem considerável. No entanto, às vezes eles cometem erros de cálculo grotescos — possivelmente muito piores do que o pior erro humano.

Na área financeira, esses erros devastam carteiras, mas não tiram vidas. Na esfera estratégica, no entanto, uma falha algorítmica semelhante a um "flash crash" pode ser catastrófica. Se na esfera digital a defesa estratégica requer uma ofensiva tática, se um lado erra nos cálculos ou nas ações, um padrão de escalada pode ser acionado acidentalmente.

As tentativas de incorporar essas novas capacidades em um conceito definido de estratégia e equilíbrio internacional são complicadas pelo fato de que o conhecimento necessário para a predominância tecnológica não está mais concentrado exclusivamente no governo. Uma ampla variedade de agentes e instituições participa da estruturação da tecnologia com implicações estratégicas — de típicos contratantes do governo a inventores individuais, empreendedores, startups e laboratórios de pesquisa privados. Nem todos considerarão suas missões inerentemente compatíveis com os objetivos nacionais definidos pelo governo federal. Um processo de instrução recíproco entre a indústria, a academia e o governo pode ajudar a preencher essa lacuna e garantir que os princípios fundamentais das implicações estratégicas da IA sejam compreendidos em uma estrutura conceitual comum. Poucas eras enfrentaram um desafio estratégico e tecnológico tão complexo e com tão pouco consenso sobre sua natureza ou até mesmo sobre o vocabulário necessário para discuti-lo.

O desafio não resolvido da era nuclear foi que a humanidade desenvolveu uma tecnologia para a qual os estrategistas não conseguiram encontrar uma doutrina operacional viável. O dilema da era da IA será diferente: sua tecnologia definidora será amplamente adquirida, dominada e empregada. Alcançar a limitação estratégica comum — ou mesmo uma definição comum de limitação — será mais difícil do que nunca, tanto na teoria quanto na prática.

O gerenciamento de armas nucleares, um empreendimento de meio século, permanece incompleto e desconexo. No entanto, o desafio de avaliar o equilíbrio nuclear era relativamente simples. As ogivas podiam ser contadas, e sabia-se sobre seus rendimentos. As capacidades da IA, por outro lado, não são fixas; elas são dinâmicas. Ao contrário das armas nucleares, é difícil rastrear as IAs: uma vez treinadas, elas podem ser facilmente copiadas e executadas em máquinas relativamente pequenas. É difícil ou impossível detectar sua presença ou verificar sua ausência com a tecnologia atual. Nesta era, a dissuasão provavelmente surgirá da complexidade — da multiplicidade de vetores pelos quais um ataque habilitado por IA pode ocorrer e da velocidade das possíveis respostas da IA.

Para gerenciar a IA, os estrategistas devem considerar como ela pode ser integrada a um padrão responsável de relações internacionais. Antes que as armas sejam implantadas, os estrategistas devem entender o efeito iterativo de seu uso, o potencial de escalada e os caminhos para a redução. Uma estratégia de uso responsável, completa e com princípios de contenção é essencial. Os formuladores de políticas devem se esforçar para abordar simultaneamente o armamento, as tecnologias e as estratégias defensivas, juntamente com o controle de armas, em vez de tratá-los como etapas cronologicamente distintas e funcionalmente antagônicas. Antes do uso, devem ser formuladas doutrinas e algumas decisões devem ser tomadas.

Então quais serão os requisitos de contenção? A tradicional imposição de limitações à *capacidade* é um ponto de partida óbvio. Durante a Guerra Fria, essa abordagem marcou algum progresso, pelo menos simbolicamente. Algumas capacidades foram restritas (das ogivas, por exemplo); outras foram totalmente banidas (como categorias de mísseis de alcance intermediário). Mas, com o amplo uso civil da tecnologia e sua evolução contínua, não seria totalmente compatível restringir nem as capacidades básicas das IAs, nem seu número. Outras limitações terão que ser estudadas, com foco nas capacidades de *aprendizado* e de *direcionamento* das IAs.

Em uma decisão que previu esse desafio parcialmente, os Estados Unidos fizeram uma distinção entre *armas habilitadas por IA*, que fazem com que a guerra seja conduzida por humanos de maneira mais precisa, letal e eficiente, e *armas de IA*, que tomam decisões letais de maneira autônoma, sem precisar de operadores humanos. Os EUA declararam seu objetivo de limitar o uso à primeira categoria. Isso aspira a um mundo em que ninguém, nem mesmo os próprios Estados Unidos, detenha as da segunda categoria.[20] Essa distinção é sábia. Ao mesmo tempo, a capacidade da tecnologia de aprender e, portanto, evoluir pode tornar insuficientes as limitações a determinados recursos. Será fundamental definir a natureza e a forma de restrição de armas habilitadas por IA e garantir que isso seja mútuo.

Nos séculos XIX e XX, as nações desenvolveram restrições a determinados modelos de guerra: o uso de armas químicas, por exemplo, e o ataque desproporcional a civis. À medida que as armas de IA possibilitam uma variedade de novas categorias de atividades, ou tornam os velhos tipos de atividades potentes outra vez, as nações do mundo inteiro devem tomar decisões urgentes sobre o que é compatível com os conceitos inerentes de dignidade humana e ação moral. A segurança exige antecipação do que está por vir, não apenas reação ao que já existe.

O dilema colocado pela tecnologia de armas relacionadas à IA é que manter a pesquisa e o desenvolvimento é fundamental para a sobrevivência nacional; sem isso, perderemos competitividade e relevância comercial. Mas, até agora, a proliferação inerente à nova tecnologia frustrou qualquer tentativa de restrição negociada, mesmo teoricamente.

UMA QUESTÃO ANTIGA EM UM MUNDO NOVO

Todos os grandes países tecnologicamente avançados precisam entender que eles estão no início de uma transformação estratégica tão consequencial quanto o advento das armas nucleares — porém com efeitos mais diversos, difusos e imprevisíveis. As sociedades que estão avançando nos limites da IA devem ter como objetivo convocar um órgão em nível nacional para considerar os aspectos de defesa e segurança da IA e unir as perspectivas dos diversos setores que moldarão sua criação e implantação. Esse órgão terá duas funções: garantir a competitividade com o restante do mundo e, concomitantemente, coordenar pesquisas sobre como prevenir ou, pelo menos, limitar escaladas ou crises indesejadas. Tendo isso como base, será importante haver alguma forma de negociação com aliados e adversários.

Se essa direção for explorada, será primordial que as principais potências de IA no mundo — Estados Unidos e China — aceitem a realidade. Esses países podem concluir que, quaisquer que sejam as outras disputas que um período emergente de rivalidade possa trazer, os Estados Unidos e a China devem buscar um consenso de que não entrarão em uma guerra tecnologicamente avançada entre si. Uma unidade ou um subconjunto de funcionários de alto escalão em cada governo poderia ser encarregado de monitorar e reportar diretamente ao presidente da nação os perigos incipientes e como evitá-los. No momento da escrita deste livro, esse não era um esforço que correspondia ao sentimento público em qualquer nação. No entanto, quanto mais os dois poderes se tratarem como rivais institucionalizados, sem manter esse diálogo, maior será a chance de ocorrer um acidente em que ambos os lados sejam impelidos por suas tecnologias e seus cronogramas de implementação em uma crise que nenhum dos dois deseja e da qual ambos se arrependem, e isso pode incluir conflitos militares em escala global.

O paradoxo de um sistema internacional é que todo poder é levado a agir — na verdade, deve agir — para maximizar a própria segurança. No entanto, para evitar uma série contínua de crises, cada um deve aceitar algum senso de responsabilidade pela manutenção da paz entre as nações. Esse processo envolve um reconhecimento de limites. O planejador militar ou oficial de segurança pensará (não erroneamente) nos piores cenários e priorizará aquisições que o capacitarão para tanto. O estadista (que pode ser a mesma pessoa) é obrigado a considerar como isso será usado e como o mundo ficará depois.

Na era da IA, a lógica estratégica de longa data deve ser adaptada. Precisaremos superar, ou pelo menos moderar, o impulso para o automatismo antes que aconteça uma catástrofe. Devemos evitar que as IAs que operam mais rápido do que os tomadores de decisão humanos realizem ações irrecuperáveis com consequências estratégicas. As defesas precisarão ser automatizadas sem abrir mão dos elementos essenciais do controle humano. A ambiguidade própria do domínio — combinada com as qualidades dinâmicas e emergentes da IA e sua facilidade de disseminação — complicará as análises. Em eras anteriores, apenas algumas grandes potências ou superpotências tinham a responsabilidade de limitar suas capacidades destrutivas e evitar catástrofes. Em breve, a proliferação pode levar muitos outros agentes a assumirem uma tarefa semelhante.

Os líderes desta era podem aspirar a seis tarefas principais no controle de seus arsenais, com ampla e dinâmica combinação de recursos convencionais, nucleares, cibernéticos e de IA.

Em primeiro lugar, os líderes de nações rivais e adversárias devem estar preparados para dialogar uns com os outros regularmente — como seus predecessores fizeram durante a Guerra Fria — sobre os modelos de guerra que não envolvem o combate. Para auxiliar nesse esforço, Washington e aliados devem se organizar em torno de interesses e valores identificados como comuns, inerentes e invioláveis e que abarquem as experiências das gerações que atingiram a maioridade no final da Guerra Fria ou depois dela.

Em segundo lugar, os enigmas não resolvidos da estratégia nuclear precisam receber uma nova atenção e ser reconhecidos pelo que eles são — um dos grandes desafios estratégicos, técnicos e morais da humanidade. Por muitas décadas, as memórias de uma Hiroshima e Nagasaki destroçadas forçaram líderes a reconhecer que os temas nucleares são um empreendimento único e grave. Como o ex-secretário de Estado George Shultz disse ao Congresso em 2018: "Temo que as pessoas tenham perdido essa sensação de pavor." Os líderes dos países detentores de armas nucleares precisam reconhecer sua responsabilidade de trabalhar juntos, a fim de evitar catástrofes.

Em terceiro lugar, as principais potências cibernéticas e de IA devem se esforçar para definir suas doutrinas e seus limites (mesmo que nem todos os aspectos sejam anunciados publicamente) e identificar pontos de correspondência entre suas doutrinas e as de potências rivais. Se a dissuasão predominar sobre o uso, a paz predominar sobre o conflito e o conflito limitado predominar sobre o conflito generalizado, esses termos precisarão ser entendidos e definidos em termos que reflitam os aspectos distintos da cibernética e da IA.

Em quarto lugar, os Estados que possuem armas nucleares devem se comprometer a realizar revisões internas dos próprios sistemas de comando, controle e de alerta precoce. Essas revisões à prova de falhas identificariam medidas para fortalecer as proteções contra ameaças cibernéticas e o uso não autorizado, inadvertido ou acidental de armas de destruição em massa. Elas também devem incluir opções para evitar ataques cibernéticos a ativos de comando e controle nuclear ou de alerta antecipado.

Em quinto lugar, os países — especialmente os principais países mais desenvolvidos tecnologicamente — devem criar métodos fortes e aceitos para maximizar o tempo de decisão durante períodos de alta tensão e em situações extremas. Esse deve ser um objetivo conceitual comum, principalmente entre adversários, que conecta as etapas imediatas e de longo prazo para gerenciar a instabilidade e arquitetar um plano de segurança mútua. Durante uma crise, os seres humanos devem arcar com a responsabilidade final pela implementação de armas avançadas. Os países adversários, em especial, devem se esforçar para concordar com um mecanismo para garantir que as decisões que podem se provar irrevogáveis sejam tomadas em um ritmo propício ao pensamento e à deliberação humanos — bem como à nossa sobrevivência.[21]

Por fim, as principais potências de IA devem considerar uma forma de limitar a proliferação contínua da IA de uso militar ou se devem empreender um esforço sistêmico de não proliferação apoiado pela diplomacia e pela ameaça da força. Quem são os aspirantes a adquirentes da tecnologia que a usariam para propósitos destrutivos inaceitáveis? Que armas específicas de IA justificam essa preocupação? E quem fará com que as restrições sejam cumpridas? As potências nucleares estabelecidas exploraram esse conceito de proliferação nuclear com pouco sucesso. Se houver a permissão de uso de uma nova tecnologia disruptiva e potencialmente destrutiva para transformar as forças armadas dos governos mais inveteradamente hostis ou moralmente irrestritos do mundo, pode ser difícil alcançar o equilíbrio estratégico, e o conflito pode se tornar, portanto, incontrolável.

Devido ao caráter de uso dual da maioria das tecnologias de IA, temos o dever perante nossa sociedade de permanecer na vanguarda da pesquisa e do desenvolvimento desse tipo de tecnologia. No entanto, isso também nos obrigará a compreender seus limites. Se houver uma crise, será tarde demais para iniciar as discussões sobre essas questões. Uma vez empregada em um conflito militar, a velocidade da tecnologia praticamente garante que ela imponha resultados a um ritmo mais rápido do que a diplomacia é capaz de acontecer.

As principais potências devem dialogar entre si a respeito do tema das armas cibernéticas e de IA, mesmo que seja apenas para elaborar um vocabulário comum de conceitos estratégicos e desenvolver uma noção de qual é o limite entre uns e outros. Essa vontade mútua de colocar um limite nas capacidades mais destrutivas dessas armas não deve esperar o surgimento de uma tragédia. À medida que a humanidade se propõe a competir na criação de armas novas, evoluídas e inteligentes, a história não perdoará uma falha na tentativa de estabelecer esses limites. Na era da inteligência artificial, a ética de preservação da humanidade é que deve instruir a busca contínua por uma vantagem nacional.

CAPÍTULO 6

IA E IDENTIDADE HUMANA

EM UMA ERA na qual as máquinas executam um número cada vez maior de tarefas que, antes, somente os humanos costumavam ser capazes de executar, o que, então, constituirá nossa identidade como seres humanos? Conforme exploramos nos capítulos anteriores, a IA expandirá nosso conceito de realidade, e isso mudará a forma como nos comunicamos, nos relacionamos e compartilhamos informações. Ela transformará as leis e as estratégias que elaboramos e implantamos na sociedade. Quando passarmos a não mais explorar e moldar a realidade por conta própria — ou seja, quando começarmos a usar a IA como um complemento para moldar nossas percepções sobre a realidade e nossos pensamentos —, de que forma nos identificaremos e, também, definiremos nosso papel neste mundo? Como conciliaremos a IA a conceitos como autonomia e dignidade humana?

Em eras anteriores, os humanos se colocaram no centro da história. Embora a maioria das sociedades reconheça a imperfeição humana, elas acreditam que o máximo que os seres mortais podem pensar em alcançar neste mundo são suas habilidades e experiências. De fato, elas celebraram indivíduos que foram exemplo de pináculos do espírito humano, representantes das formas com as quais desejamos nos identificar. Entre as diversas sociedades e suas eras, esses heróis foram muitos — líderes, exploradores, inventores, mártires —, mas todos incorporaram aspectos da realização humana e, ao fazer isso, da distinção humana. Na era moderna, nossa veneração a esses heróis tinha como foco os primeiros a usar a razão — astronautas, inventores, empreendedores, líderes políticos —, que exploraram e organizaram nossa realidade.

Agora estamos entrando em uma era em que há cada vez mais tarefas que antes eram delegadas a humanos, ou mesmo executadas por eles, sendo encarregadas à IA — uma criação humana. À medida que ela executa tarefas assim, gerando resultados que se aproximam e, às vezes, superam os da inteligência da mente humana, a IA desafia um atributo definidor do que significa ser humano. Além disso, ela é capaz de aprender, evoluir e se tornar "melhor" (de acordo com a função objetivo que lhe foi atribuída). Esse aprendizado dinâmico permite que ela alcance resultados complexos que, até agora, estavam ao alcance somente de humanos e de organizações humanas.

Com a ascensão da IA, as definições do papel, da aspiração e da realização do ser humano mudarão. Quais qualidades humanas esta era celebrará? Quais serão seus princípios orientadores? A IA acrescentará uma terceira forma às duas formas tradicionais pelas quais as pessoas conhecem o mundo: a fé e a razão. Essa mudança testará — e, em alguns casos, transformará — nossas principais hipóteses sobre o mundo e, também, nosso lugar nele. A razão não apenas revolucionou as ciências, como também alterou a vida em sociedade, a arte e a fé humanas. Sob seu escrutínio, a hierarquia do feudalismo chegou ao fim, e a democracia, a ideia de que as pessoas movidas pela razão deveriam ter um governo próprio, ascendeu. Agora, a IA testará novamente os princípios sobre os quais nossa autocompreensão se baseia.

O papel da razão humana não será o mesmo nesta era em que a realidade pode ser prevista, aproximada e simulada por uma IA, que consegue avaliar o que é relevante para nossa vida, prever o que virá em seguida e decidir o que fazer. Com isso, os sentidos de nossos propósitos individuais e sociais também mudarão. Em algumas áreas, a IA pode ampliar a razão humana; em outras, pode deixar os seres humanos com aquele sentimento de ter sido colocado de lado no processo primário de lidar com determinadas situações. Essa experiência pode se mostrar eficiente, porém nem sempre completa, para o motorista cujo veículo escolhe uma estrada ou rota diferente com base em um cálculo inexplicável (na verdade, não demonstrado); para a pessoa a quem o crédito é estendido ou negado com base em uma análise de crédito facilitada por IA; para o candidato a um emprego que é chamado ou não para uma entrevista com base em um processo semelhante ao anterior; e para o estudioso que é informado por um modelo de IA sobre a resposta mais provável antes mesmo de iniciar sua pesquisa. Para os humanos acostumados à ação, à centralidade e ao monopólio de uma inteligência complexa, a IA desafiará a autopercepção.

Os avanços que consideramos até agora são representações das muitas maneiras pelas quais a IA está mudando a forma como interagimos com o mundo e, portanto, o conceito que temos sobre nós mesmos e nosso papel neste mundo. A IA consegue fazer algumas previsões, por exemplo, se uma pessoa terá câncer de mama em estágio inicial; ela toma decisões como qual peça mover em uma partida de xadrez; ela destaca e filtra informações como filmes para assistir ou investimentos para manter; e é capaz de produzir textos como os humanos, de frases a parágrafos e documentos inteiros. À medida que aumenta a sofisticação de suas capacidades, elas rapidamente se tornam o que a maioria das pessoas caracteriza como criativas ou especialistas. O fato de a IA ser capaz de fazer determinadas previsões, tomar certas decisões ou produzir tais materiais não indica uma sofisticação semelhante à dos seres humanos. No entanto, em muitos casos, os resultados são comparáveis ou superiores aos produzidos anteriormente apenas por humanos.

Considere o texto que modelos generativos como a GPT-3 são capazes de produzir. Quase qualquer pessoa com educação primária consegue fazer um trabalho razoável ao prever possíveis cumprimentos de uma sentença. Porém, escrever documentos e códigos, algo que a GPT-3 consegue fazer, requer habilidades sofisticadas que os humanos passam anos desenvolvendo no ensino superior. Os modelos generativos, então, estão começando a desafiar nossa crença de que tarefas como completar sentenças são diferentes e mais simples do que escrever. Conforme os modelos generativos ficam melhores, a IA pode levar a novas percepções tanto da singularidade quanto do valor relativo das capacidades humanas. Onde nós ficamos no meio disso?

A IA, por ter percepções da realidade complementares às humanas, pode vir a ser uma parceria útil e eficiente. Ter um interlocutor com uma percepção diferente da nossa pode gerar grandes benefícios em diversas áreas, como descoberta científica, trabalho criativo, desenvolvimento de softwares, entre outras. Mas essa colaboração exigirá que os humanos se ajustem a um mundo em que nossa razão não é mais a única — e talvez não a mais informativa — maneira de conhecer ou conduzir a realidade. Isso prevê uma mudança na experiência humana mais significativa do que qualquer outra que ocorreu por quase seis séculos — desde o advento da imprensa de tipos móveis.

As sociedades têm duas opções: reagir e se adaptar aos poucos ou iniciar um diálogo de forma intencional, aproveitando todos os elementos do empreendimento humano, visando definir o papel da IA — e, ao fazer isso, definir o nosso. A primeira opção, descobriremos por meio de um padrão; a segunda exigirá um engajamento consciente entre líderes e filósofos, cientistas e humanistas, entre outros grupos.

Em última análise, pessoas e sociedades terão que decidir quais aspectos da vida devem ser reservados para a inteligência humana e quais devem ser entregues à IA ou à colaboração humana-IA, a qual não ocorre entre iguais. Em última análise, os humanos criam e comandam a IA. No entanto, à medida que nos acostumamos e dependemos dela, restringi-la pode se tornar mais caro e psicologicamente desafiador, ou ainda mais complicado tecnicamente. Nossa tarefa será entender as transformações que a IA traz à experiência humana, os desafios que ela apresenta à identidade humana e quais aspectos desses desenvolvimentos exigem regulação ou contrapeso por intermédio de outros empenhos humanos. Traçar um futuro humano depende da definição do papel do ser humano em uma era da IA.

TRANSFORMANDO A EXPERIÊNCIA HUMANA

Para algumas pessoas, a experiência da IA será empoderadora. Na maioria das sociedades, um grupo pequeno, porém cada vez maior, entende a IA. Para essas pessoas — as que criam, treinam, encarregam e regulam a IA — e para os formuladores de políticas e líderes de empresas que têm consultores técnicos à disposição, essa parceria deve ser gratificante, embora às vezes surpreendente. De fato, em diversos setores, a experiência de superar a razão tradicional por meio de tecnologia especializada, como nos casos dos avanços da IA em medicina, biologia, química e física, será, por vezes, gratificante.

Aqueles que não têm o conhecimento técnico ou que não participam de processos gerenciados por IA, principalmente como consumidores, também costumam achar esses processos gratificantes, como no caso de uma pessoa muito ocupada que consegue ler ou verificar o e-mail enquanto viaja em um carro autônomo. Incorporar a IA em produtos de consumo distribuirá, de fato, os benefícios da tecnologia de maneira muito ampla. No entanto, a IA também operará redes e sistemas que não são projetados para o benefício de nenhum usuário individual específico e que estão além do controle de qualquer usuário em particular. Nesses casos, os conflitos com a IA podem ser embaraçosos ou desempoderadores, como quando a IA recomenda uma pessoa em detrimento de outras para uma promoção ou uma transferência concorrida — ou encoraja e promove atitudes que desafiam ou superam o bom senso predominante.

Para os gestores, a implementação da IA terá muitas vantagens. Suas decisões geralmente são tão precisas ou, até mesmo, mais precisas do que as dos seres humanos e, com as devidas prerrogativas, elas podem, de fato, ser *menos* tendenciosas. Da mesma forma, a IA pode ser mais eficaz na distribuição de recursos, prevendo resultados e recomendando soluções. À medida que a IA generativa se torna mais predominante, sua capacidade real de produzir novos textos, imagens, vídeo e código pode até permitir que ela tenha um desempenho tão eficaz quanto seus colegas humanos em funções normalmente consideradas criativas (como redigir documentos e criar anúncios). Os avanços nessas tecnologias podem melhorar os sensos de agência e escolha, por exemplo, para o empresário que oferece novos produtos, o administrador que precisa manipular informações novas e o desenvolvedor que precisa criar uma IA cada vez mais poderosa.

Otimizar a distribuição de recursos e aumentar a precisão da tomada de decisão é algo positivo para a sociedade, mas, para as pessoas, o significado é mais frequentemente derivado da autonomia e da capacidade de explicar os resultados com base em algum conjunto de ações e princípios. As explicações dão significado e fins ao propósito; o reconhecimento público e a aplicação explícita dos princípios morais dão senso de justiça. Um algoritmo, no entanto, não dá motivos baseados na experiência humana para explicar suas conclusões ao público em geral. Algumas pessoas, particularmente aquelas que entendem a IA, podem achar este mundo inteligível. Mas a maioria das pessoas pode não entender por que a IA faz o que faz, diminuindo seu senso de autonomia e sua capacidade de atribuir significado a este mundo.

À medida que a IA transforma a natureza do trabalho, isso pode comprometer a noção de identidade, realização e segurança financeira de muitas pessoas. As mais afetadas por essa mudança e esse potencial deslocamento provavelmente serão aquelas que têm empregos de colarinho azul e de gerência intermediária que exigem treinamento específico, bem como profissionais que fazem a revisão ou a interpretação de dados ou a redação de documentos em formulários-padrão.[1] Embora essas mudanças possam criar não só novas eficiências, mas também a necessidade de novos trabalhadores, aqueles que sofrem o deslocamento, mesmo que de curto prazo, podem não ficar muito satisfeitos, mesmo sabendo que se trata de um aspecto temporário de uma transição que aumentará a qualidade de vida geral e a produtividade econômica de uma sociedade. Alguns podem se libertar do trabalho pesado para focar os elementos mais gratificantes de seu trabalho. Outros podem achar que suas habilidades não são mais avançadas ou, até mesmo, necessárias.

Embora esses desafios sejam assustadores, eles não são inéditos. Nas revoluções tecnológicas anteriores, houve deslocamentos ou mudanças no trabalho. Invenções como a máquina de fiar mecânica ocasionaram o deslocamento dos trabalhadores e inspiraram a ascensão dos luditas, membros de um movimento político que buscava proibir — ou, na falta disso, sabotar — novas tecnologias, a fim de preservar seus antigos modos de vida. A industrialização da agricultura provocou a migração em massa para as cidades. A globalização alterou a fabricação e as cadeias de suprimentos, e ambas provocaram mudanças, até mesmo agitação, antes que muitas sociedades finalmente absorvessem as mudanças para sua melhoria em geral. Quaisquer que sejam os efeitos de longo prazo da IA, no curto prazo, a tecnologia revolucionará determinados segmentos econômicos, assim como profissões e identidades. As sociedades precisam estar prontas para suprir os deslocamentos não apenas com fontes alternativas de renda, mas também com fontes alternativas de satisfação.

TOMANDO UMA DECISÃO

Na era moderna, a reação-padrão a um problema tem sido buscar uma solução, por vezes, identificando os agentes humanos responsáveis pela deficiência original. Essa visão atribuía responsabilidade e agência aos humanos — e ambos contribuíram para nossa noção de quem somos. Atualmente, há um novo agente nessas equações que pode diminuir a sensação de que somos os principais pensadores e promotores em determinada situação. Às vezes, todos nós — independentemente de sermos os criadores e controladores da IA ou de apenas a usarmos — interagimos com a IA involuntariamente ou recebemos respostas ou resultados facilitados pela IA que não solicitamos. Outras vezes, a IA invisível pode presentear o mundo com uma mágica agradável, como quando as lojas, aparentemente, antecipam nossa visita e nossas preferências. Ela é capaz, até mesmo, de produzir um sentimento kafkiano, como quando as instituições apresentam decisões que moldam a vida — ofertas de emprego, decisões sobre empréstimos para carros e imóveis, ou decisões tomadas por empresas de segurança ou policiais —, que nenhum ser humano consegue explicar.

Essas tensões — entre explicações racionais e tomadas de decisão nada transparentes, entre pessoas e grandes sistemas, entre pessoas com conhecimento técnico e autoridade e pessoas sem — não são novas. A novidade é que outra inteligência é a fonte dessas tensões — uma não humana que, muitas vezes, é inexplicável nos termos da razão humana. O que também é novidade é a difusão e a escala dessa nova inteligência. Aqueles que não têm conhecimento sobre IA ou autoridade sobre ela podem ser particularmente tentados a rejeitá-la. Frustrados pela aparente usurpação de sua autonomia ou temerosos de seus efeitos adicionais, algumas pessoas podem procurar minimizar o uso da IA e se desconectar das mídias sociais ou de outras plataformas digitais mediadas por IA, evitando seu uso (pelo menos conscientemente) no dia a dia.

Alguns segmentos da sociedade podem ir ainda mais longe, insistindo em permanecer "fisicalistas" em vez de "virtualistas". Como os amish e os menonitas, algumas pessoas podem rejeitar totalmente a IA, estabelecendo-se com firmeza em um mundo onde exista apenas a fé e a razão. No entanto, à medida que a IA se torna cada vez mais predominante, a desconexão se tornará uma jornada cada vez mais solitária. Até mesmo a possibilidade de desconexão pode ser, de fato, ilusória: à medida que a sociedade se torna cada vez mais digitalizada, e a IA, cada vez mais integrada a governos e produtos, seu alcance pode ser quase inevitável.

DESCOBERTA CIENTÍFICA

O desenvolvimento do entendimento científico geralmente envolve uma lacuna considerável entre a teoria e o experimento, bem como uma importante experiência de tentativa e erro. Com os avanços no aprendizado de máquina, estamos começando a ver um novo paradigma no qual os modelos são derivados não de um entendimento teórico, como têm sido tradicionalmente, mas da IA, que tira conclusões baseadas em resultados experimentais. Essa abordagem requer uma experiência diferente daquela que desenvolve modelos teóricos ou modelos computacionais convencionais. Requer não apenas uma compreensão profunda do problema, mas também o conhecimento de quais dados (e qual representação desses dados) serão úteis para treinar um modelo de IA, a fim de resolver o problema. Na descoberta da halicina, por exemplo, a escolha de quais compostos (e quais atributos desses compostos) inserir no modelo era, por um lado, essencial e, por outro, fortuita.

O aumento da importância do aprendizado de máquina para o entendimento científico produziu mais um desafio para nosso ponto de vista sobre nós mesmos e sobre nosso(s) papel(éis) neste mundo. Tradicionalmente, a ciência tem sido uma mistura de pináculo de experiência, intuição e insight orientada pelos humanos. Na interação de longa data entre a teoria e o experimento, a ingenuidade humana impulsiona todos os aspectos da investigação científica. Mas a IA acrescenta um conceito de mundo não humano — e divergente de um humano — à investigação científica, à descoberta e à compreensão. O aprendizado de máquina está produzindo resultados cada vez mais surpreendentes, que levam a novos modelos e experimentos teóricos. Assim como os especialistas em xadrez adotaram as estratégias originalmente surpreendentes do AlphaZero, interpretando-as como um desafio para melhorar a própria compreensão do jogo, os cientistas em diversas disciplinas começaram a fazer o mesmo. Em todas as ciências biológicas, químicas e físicas, está surgindo uma parceria híbrida, na qual a IA está permitindo que sejam feitas novas descobertas, nas quais, em resposta, os seres humanos estão trabalhando para entender e explicar.

Um exemplo impressionante de IA que permite grandes descobertas nas ciências biológicas e na química é o desenvolvimento do AlphaFold, que usou o aprendizado reforçado para criar novos modelos poderosos de proteínas. As proteínas são moléculas grandes e complexas que desempenham um papel central na estrutura, na função e na regulação de tecidos, órgãos e processos em sistemas biológicos. Uma proteína é composta de centenas (ou milhares) de unidades menores chamadas aminoácidos, que são unidas, formando longas cadeias. Como existem vinte tipos diferentes de aminoácidos na formação das proteínas, uma maneira comum de representá-las é por meio de uma sequência de centenas (ou milhares) de caracteres, na qual cada caractere vem de um "alfabeto" de vinte caracteres.

Embora as sequências de aminoácidos possam ser bastante úteis para estudar proteínas, elas falham em capturar um aspecto crítico destas: a estrutura tridimensional que é formada pela cadeia de aminoácidos. Pode-se pensar nas proteínas como formas complexas que precisam se encaixar no espaço tridimensional, como uma chave na fechadura, para que determinados resultados biológicos ou químicos — como a progressão de uma doença ou a cura — ocorram. A estrutura de uma proteína pode, em alguns casos, ser medida por meio de métodos experimentais meticulosos, como a cristalografia. Em muitos casos, no entanto, os métodos distorcem ou destroem a proteína, impossibilitando a medição de sua estrutura. Assim, a capacidade de determinar a estrutura tridimensional da sequência de aminoácidos é fundamental. Desde a década de 1970, esse desafio tem sido chamado de *enovelamento de proteínas*.

Antes de 2016, não havia muito progresso para melhorar a precisão do enovelamento de proteínas — até que um novo programa, o

AlphaFold, fez um grande progresso. Como o próprio nome indica, o AlphaFold foi atualizado por meio da abordagem que os desenvolvedores adotaram quando ensinaram o AlphaZero a jogar xadrez. Assim como o AlphaZero, o AlphaFold usa o aprendizado reforçado para estruturar proteínas sem exigir a experiência humana — nesse caso, as abordagens nas quais as estruturas anteriores de proteínas conhecidas se baseavam. O AlphaFold mais do que dobrou a precisão do enovelamento de proteínas, de cerca de 40% para cerca de 85%, permitindo que biólogos e químicos de todo o mundo revisitem perguntas antigas as quais não haviam conseguido responder e façam novas perguntas sobre o combate a patógenos em pessoas, animais e plantas.[2] Avanços como o AlphaFold — impossíveis sem a IA — estão transcendendo os limites anteriores de medição e previsão. O resultado são mudanças na forma como os cientistas abordam o que podem aprender para curar doenças, proteger o meio ambiente e resolver outros desafios importantes.

EDUCAÇÃO E APRENDIZADO AO LONGO DA VIDA

O amadurecimento na presença da IA alterará nossos relacionamentos — tanto uns com os outros quanto com nós mesmos. Assim como existe, atualmente, uma divisão entre "nativos digitais" e gerações anteriores, também haverá, no futuro, uma divisão entre "nativos de IA" e as pessoas que os precedem. No futuro, as crianças podem crescer com assistentes de IA mais avançados do que a Alexa e o Google Home, que serão muitas coisas ao mesmo tempo: babá, tutor, conselheiro, amigo. Esse assistente poderá ensinar às crianças praticamente qualquer assunto ou qualquer idioma, ajustando seu estilo de acordo com o desempenho e os estilos de aprendizado de cada aluno para extrair o melhor deles. Quando a criança estiver entediada, a IA poderá servir como companhia em brincadeiras e, na ausência dos pais, como monitor. À medida que a educação fornecida e personalizada pela IA é introduzida, as capacidades do ser humano médio aumentam e são desafiadas.

A fronteira entre os humanos e a IA é surpreendentemente permeável. Se as crianças adquirirem assistentes digitais em tenra idade, elas ficarão habituadas a eles. Ao mesmo tempo, os assistentes digitais evoluirão com os proprietários, internalizando as preferências e tendências deles à medida que amadurecem. Um assistente digital encarregado de maximizar a conveniência ou a satisfação de um parceiro humano por meio da personalização pode gerar recomendações e informações consideradas essenciais, mesmo que o usuário humano não consiga explicar exatamente por que elas são melhores do que qualquer outra fonte.

Com o tempo, as pessoas podem preferir seus assistentes digitais aos humanos, pois estes serão menos intuitivos em suas preferências e mais "desagradáveis" (até mesmo porque os humanos podem ter personalidades e desejos muito pouco relacionados aos de outras pessoas). O resultado disso será que nossa dependência uns dos outros, das relações humanas, pode diminuir. O que será, então, das qualidades e lições inefáveis da infância? Como a companhia onipresente de uma máquina, que não sente ou experimenta a emoção humana (mas consegue imitá-la), afetará a percepção de mundo de uma criança e sua socialização? Como moldará sua imaginação? Como isso mudará a natureza do brincar? Como mudará o processo de fazer amigos ou de se encaixar?

Indiscutivelmente, a disponibilidade de informações digitais já transformou a educação e a experiência cultural de uma geração. Agora, o mundo está embarcando em outro grande experimento, no qual as crianças crescerão com máquinas que, de diversas maneiras, agirão como professores humanos por gerações — mas sem a sensibilidade, a percepção e a emoção humanas. Mais tarde, os participantes desse experimento provavelmente perguntarão se suas experiências estão sendo alteradas de formas que eles não esperavam ou aceitavam.

Os pais podem reagir, preocupados com os efeitos possivelmente incertos dessa exposição em seus filhos. Assim como os pais de uma geração atrás limitavam o tempo dos filhos em frente à televisão e os pais da atualidade limitam o tempo de uso de telas de smartphones e tablets, no futuro, os pais podem limitar o tempo de exposição à IA. Mas aqueles que querem empurrar os filhos em direção ao sucesso, que não têm uma inclinação ou a capacidade de substituir a IA por um pai ou um tutor humano — ou que simplesmente querem satisfazer o desejo dos filhos de ter amigos que são IAs —, podem aprovar a companhia da IA para crianças. Assim, ao aprender e evoluir de maneira impressionante, elas podem formar suas impressões sobre este mundo por meio de um diálogo com as IAs.

A ironia é que, mesmo que a digitalização esteja disponibilizando uma quantidade cada vez maior de informações, espaço necessário para o pensamento profundo e focado está diminuindo. O fluxo de mídia quase constante da atualidade aumenta o custo e, portanto, diminui a frequência da contemplação. Os algoritmos promovem aquilo que chama a atenção em resposta ao desejo humano de estimulação — e o que chama a atenção geralmente é aquele conteúdo dramático, surpreendente e emotivo. Se uma pessoa consegue encontrar espaço nesse ambiente para uma reflexão cuidadosa é uma questão; a outra é que as formas de comunicação dominantes atualmente não conduzem ao incentivo do raciocínio moderado.

NOVOS INTERMEDIÁRIOS DA INFORMAÇÃO

Conforme dissemos no Capítulo 4, a IA está cada vez mais moldando o domínio da informação. Para informar e organizar a experiência humana, foram criados intermediários — organizações e instituições que filtram informações complexas, destacam o que as pessoas precisam saber e transmitem os resultados.[3] À medida que as sociedades passaram a dividir cada vez mais seu trabalho físico, elas também dividiram o trabalho mental ao elaborar jornais e periódicos que informam os cidadãos em geral e ao fundar universidades para educá-los especificamente. Desde então, as informações foram agregadas, filtradas e transmitidas — e tiveram seu significado definido — por essas instituições.

Agora, a IA está sendo integrada ao processo de aprendizado em todas as esferas caracterizadas pelo trabalho intelectual intensivo — das finanças ao direito. Os humanos, no entanto, nem sempre conseguem verificar se o que ela mostra é representativo; nem sempre conseguimos explicar por que aplicativos como TikTok e YouTube promovem alguns vídeos em detrimento de outros. Editores e jornalistas humanos, por outro lado, podem nos dar explicações (precisas ou não) sobre as razões para selecionar o que apresentam. Enquanto as pessoas continuarem querendo uma explicação, a era da IA decepcionará a maioria delas, que não entende os processos e os mecanismos da tecnologia.

Os efeitos da IA no conhecimento humano são paradoxais. Por um lado, os intermediários da IA podem navegar e analisar conjuntos de dados mais amplos do que a mente humana conseguiria ter contemplado tempos atrás sem nenhuma ajuda. Por outro, esse poder — a capacidade de se conectar com grandes conjuntos de dados — também pode acentuar formas de manipulação e erro. A IA é capaz de explorar as paixões humanas de maneira mais eficaz do que a propaganda tradicional. Por ter se adaptado às preferências e aos instintos individuais, ela acaba gerando as respostas que seu criador ou usuário deseja. Da mesma forma, a implementação de intermediários da IA também é capaz de ampliar os vieses inerentes, mesmo que esses intermediários estejam tecnicamente sob o controle humano. A dinâmica da competição de mercado faz com que as plataformas de mídia social e os mecanismos de busca apresentem as informações que os usuários consideram mais atraentes. Como resultado, são priorizadas as informações que se acredita que eles desejam ver, distorcendo uma imagem representativa da realidade. Assim como a tecnologia acelerou a velocidade de produção e disseminação da informação nos séculos XIX e XX, nesta era, a informação está sendo alterada por meio do mapeamento da IA nos processos de disseminação.

Algumas pessoas buscarão uma filtragem das informações que não faça distorções, ou pelo menos que as faça de maneira mais transparente. Algumas tentarão buscar um equilíbrio entre as filtragens, pesando os resultados de maneira independente. Outras podem optar por abdicar totalmente delas, preferindo a filtragem por intermediários humanos tradicionais. No entanto, quando a maioria das pessoas em uma sociedade aceita a intermediação da IA, seja como padrão ou como o preço pago por alimentar as plataformas digitais, aquelas que buscam formas tradicionais de investigação pessoal por meio da pesquisa e da razão podem não conseguir mais acompanhar os eventos diários. Elas certamente acharão que sua capacidade de moldá-los será progressivamente limitada.

Se a informação e o entretenimento se tornarem imersivos, personalizados e falsos — como "notícias" classificadas por uma IA, confirmando as antigas crenças das pessoas, ou filmes elaborados por IA "estrelando" atores falecidos há muito tempo —, será que determinada sociedade terá um entendimento comum de sua história e dos assuntos atuais? Ela terá uma cultura com a qual se identifica? Se uma IA é instruída a escanear um século de música ou de televisão e produzir "um sucesso", ela produz uma criação ou simplesmente uma montagem? Como os escritores, atores, artistas e outros criadores, cujos trabalhos têm sido tradicionalmente tratados como um empenho humano único diante da realidade e da experiência vivida, se verão e serão vistos pelas outras pessoas?

UM NOVO FUTURO HUMANO

Na era da IA, a razão e a fé tradicionais persistirão, porém sua natureza e seu alcance serão profundamente afetados pela introdução de uma nova e poderosa forma de lógica operada por uma máquina. A identidade humana pode continuar a repousar no pináculo da inteligência animada, mas a razão humana deixará de descrever o alcance total da inteligência que se esforça para compreender a realidade. Para dar sentido ao nosso lugar neste mundo, talvez precisaremos mudar nossa ênfase da centralidade da razão humana para a centralidade da dignidade e autonomia humanas.

O Iluminismo foi caracterizado por tentativas de definir a razão humana e entendê-la em relação e em contraste com eras humanas anteriores. Os conceitos dos filósofos políticos do Iluminismo — Hobbes, Locke, Rousseau e muitos outros — derivaram de estados teóricos da natureza, por meio dos quais eles articularam as visões das qualidades dos seres humanos e da estrutura da sociedade. Os líderes, por sua vez, perguntaram como o conhecimento humano poderia ser reunido e disseminado de maneira objetiva, a fim de permitir a existência de um governo esclarecido, bem como o florescimento da humanidade. Se não aplicarmos esforços igualmente abrangentes para entender a natureza humana, será difícil atenuar as desorientações resultantes da era da IA.

As pessoas mais cautelosas podem buscar restringir o acesso à IA, limitando seu uso a pequenas funções e definindo quando, onde e como ela é usada. Sociedades ou indivíduos podem reivindicar para si o papel de gestor e juiz, relegando a IA a uma posição igual à de uma equipe de apoio. A dinâmica competitiva, no entanto, desafiará as limitações, das quais os dilemas em relação à segurança apresentados no capítulo anterior são a evidência mais clara. Salvo algumas restrições éticas ou legais básicas, que empresa deixaria de utilizar o conhecimento da funcionalidade da IA que um concorrente utilizou para oferecer novos produtos ou serviços? Se a IA permite que um gestor, um arquiteto ou um investidor preveja resultados ou conclusões com certa facilidade, com base em que ele deixaria de usá-la?

Em virtude da pressão para sua implementação, as limitações do uso da IA que são, à primeira vista, desejáveis precisarão ser formuladas em nível social ou internacional.

A IA pode assumir um papel de liderança na exploração e no gerenciamento tanto do mundo físico quanto do digital. Em esferas específicas, os humanos podem se submeter à IA, dando preferência a seus processos em vez das limitações da mente humana. Essa deferência pode levar muitos ou, até mesmo, a maioria dos humanos a se refugiarem em mundos individuais, filtrados e personalizados. Em um cenário como esse, o poder da IA — combinado com sua predominância, invisibilidade e opacidade — levantará questões sobre as perspectivas de sociedades livres e, inclusive, do livre-arbítrio.

Em muitas áreas, a IA e os humanos se tornarão parceiros nivelados no trabalho de exploração. Consequentemente, a identidade humana passará a refletir a reconciliação com novas relações — tanto com a IA quanto com a realidade. As sociedades moldarão esferas distintas para a liderança humana e, ao mesmo tempo, desenvolverão as estruturas sociais e os hábitos necessários para entender e interagir de maneira produtiva com a IA. É preciso que as sociedades construam a infraestrutura intelectual e psicológica para se envolver com a IA e exercitar sua inteligência única, a fim de fazer com que essa relação traga o máximo de benefícios possível aos humanos. A tecnologia obrigará muitos — na verdade, a maioria dos — aspectos da vida política e social a se adaptarem.

Será fundamental estabelecer o equilíbrio em cada nova implementação importante de IA. As sociedades e seus líderes precisarão escolher quando os indivíduos devem ser notificados de que estão lidando com uma IA, bem como que tipo de autoridade eles têm nessas interações. Em última análise, por meio dessas escolhas, veremos uma nova identidade humana se manifestar para a era da IA.

Algumas sociedades e instituições podem buscar se adaptar à IA de maneira gradual. Outras, no entanto, podem entrar em conflito com a IA em virtude de seus pressupostos básicos, dada a maneira como percebem a realidade e a si mesmas. E esses conflitos podem aumentar, pois ela facilita a educação e o acesso à informação, ao mesmo tempo em que aumenta o potencial de disseminação e manipulação das informações. Quanto mais bem informadas, mais bem equipadas e com seus pontos de vista ampliados, mais as pessoas podem exigir do governo de seus países.

Diversos princípios emergem disso. Primeiro, para garantir a autonomia humana, as principais decisões governamentais devem ser tomadas de acordo com estruturas nas quais há a presença da IA e que são limitadas à gestão e à supervisão de humanos. Em disputas, os princípios inerentes às nossas sociedades preveem soluções pacíficas. Nesse processo, a ordem e a legitimidade estão relacionadas — porque ordem sem legitimidade é mera força.

Garantir que haja a supervisão humana e sua participação determinante nos elementos básicos do governo será essencial para sustentar a legitimidade. Na esfera da justiça, por exemplo, o raciocínio moral e os esclarecimentos são elementos fundamentais de legitimidade, permitindo que os participantes avaliem a justiça de um tribunal e contestem suas conclusões caso não concordem com os princípios morais defendidos pela sociedade. Na era da IA, sempre que uma questão extremamente significativa estiver em jogo, os encarregados da tomada de decisão precisarão ser pessoas qualificadas, não anônimas, que possam oferecer motivos para as escolhas feitas.

Da mesma forma, a democracia deve manter as qualidades humanas. No nível mais básico, isso significará proteger a integridade das deliberações e de eleições democráticas. A deliberação significativa requer mais do que a oportunidade de falar; requer, também, a proteção da fala humana contra a distorção que a IA pode promover. A liberdade de expressão precisa ser mantida para os humanos, porém não deve ser estendida à IA. Conforme abordamos no Capítulo 4, a IA tem a capacidade de gerar — tanto em alta qualidade quanto em grande volume — desinformação como deep fakes, que são muito difíceis de distinguir de gravações reais de vídeo e áudio. Embora o discurso automatizado por IA tenha sido desenvolvido e implantado a pedido das pessoas, será importante desenvolver distinções compreensíveis entre ele e o discurso humano genuíno. Embora seja difícil regulamentar a IA de modo que impeça a promoção de informações pela metade e a desinformação — falsas e inventadas deliberadamente —, ela será fundamental. Em uma democracia, a fala permite que os cidadãos compartilhem informações relevantes, participem deliberadamente do processo democrático e busquem a autorrealização por meio da produção de ficção, arte e poesia.[4] As declarações falsas geradas por IA podem se aproximar da fala humana, porém servem apenas para abafar ou distorcer as informações verdadeiras. Conter a disseminação da IA que produz desinformação, portanto, ajudaria a preservar o discurso que é essencial para nosso processo deliberativo. Alguém classifica como desinformação, entretenimento ou investigação política um diálogo de IA entre duas figuras públicas que nunca se conheceram ou a resposta depende do contexto ou dos participantes? Um indivíduo tem o direito de não ser representado em uma realidade simulada sem sua permissão? Se a permissão for concedida, será que a expressão falsa é mais genuína?

Cada sociedade deve determinar, em primeira instância, toda a variedade de usos permitidos e não permitidos da IA em diversas esferas. O acesso a determinadas IAs poderosas, como a AGI, precisará ser estritamente limitado, a fim evitar o uso indevido. Como provavelmente a AGI terá um custo de construção muito alto — que apenas algumas pessoas serão capazes de bancar —, o acesso a ela pode ser inerentemente limitado. Certos limites podem violar os conceitos de livre iniciativa e o processo democrático de uma sociedade. Outros, como a necessidade de restringir o uso da IA na produção de armas biológicas, devem ser prontamente acordados, porém exigirão uma colaboração internacional.

No momento da escrita deste livro, a UE delineou planos para regular a IA,[5] buscando equilibrar valores europeus, como privacidade e liberdade, com a necessidade de desenvolvimento econômico e apoio a empresas de IA desenvolvidas na Europa. Os regulamentos traçam um curso entre o da China, onde o Estado está investindo pesado em IA, inclusive para fins de vigilância, e o dos Estados Unidos, onde a pesquisa e o desenvolvimento da IA foram amplamente delegados ao setor privado. O objetivo da UE é controlar as formas como as empresas e os governos usam os dados e a IA *e* facilitar a criação e o crescimento de empresas europeias de IA. A estrutura regulatória inclui avaliações de risco de diversos usos da IA e impõe limites, ou mesmo proibições, ao uso de determinadas tecnologias consideradas de alto risco pelo governo, como reconhecimento facial (embora o reconhecimento facial tenha usos benéficos, como encontrar pessoas desaparecidas e combater o tráfico de pessoas). Sem dúvida, haverá um amplo debate e alguma modificação no conceito inicial, mas esse primeiro modelo é um exemplo de como uma sociedade pode determinar as diversas limitações da IA que ela acredita que lhe permitirão avançar em seu modo de vida e em direção ao futuro.

Com o tempo, esses procedimentos serão institucionalizados. Nos Estados Unidos, grupos acadêmicos e órgãos de consulta já começaram a analisar as relações entre os processos e as estruturas existentes e o surgimento da inteligência artificial. Isso inclui o trabalho realizado na esfera acadêmica, como a iniciativa do MIT para abordar o futuro do trabalho,[6] como também os realizados pelo governo, a exemplo da Comissão de Segurança Nacional em Inteligência Artificial.[7] Algumas sociedades podem renunciar completamente à análise, o que as colocaria na retaguarda das sociedades que, por questionarem, adaptam suas instituições antecipadamente ou, conforme discutiremos no capítulo seguinte, estabelecem instituições completamente novas, reduzindo, assim, os deslocamentos e maximizando os benefícios materiais e intelectuais que a parceria com a IA oferece. À medida que a IA se desenvolve, o estabelecimento de tais instituições será fundamental.

PERCEPÇÕES DA REALIDADE E DA HUMANIDADE

A realidade explorada pela IA, ou com a ajuda dela, pode se revelar diferente daquilo que os humanos haviam imaginado. Pode ter padrões que nunca havíamos conseguido discernir ou mesmo conceituar. Talvez não seja possível expressar como é a estrutura por baixo dessa realidade, penetrada pela IA, apenas na linguagem humana. Como um de nossos colegas observou sobre o AlphaZero: "Exemplos como este mostram que há caminhos para o conhecimento que não estão disponíveis para a consciência humana."[8]

Para mapear as fronteiras do conhecimento contemporâneo, podemos incumbir a IA de sondar as esferas em que não conseguimos penetrar; e ela pode trazer de volta padrões ou previsões que não compreendemos totalmente. Os prognósticos dos filósofos gnósticos, de uma realidade interior para além da experiência humana comum, podem se mostrar significativos. Podemos estar um passo mais próximos do conceito de conhecimento puro, menos limitado pela estrutura de nossa mente e pelos padrões do pensamento humano tradicional. Não apenas teremos que redefinir nossos papéis enquanto os únicos conhecedores da realidade, como também teremos que redefinir a própria realidade que pensávamos estar explorando. E mesmo que a realidade não nos mistifique, o surgimento da IA ainda pode alterar nosso envolvimento com ela e nossa relação uns com os outros.

À medida que a IA se torna predominante, algumas pessoas podem considerar a humanidade mais capaz do que nunca de conhecer e organizar tudo ao seu redor. Outras podem declarar que não somos tão competentes quanto acreditávamos ser. Essas redefinições de nós mesmos e da realidade em que nos encontramos transformarão algumas hipóteses básicas — e, com elas, arranjos sociais, econômicos e políticos. O mundo medieval tinha seu *imago dei*, seus padrões agrários feudais, sua reverência à coroa e sua orientação voltada para as altas torres da catedral. A era da razão teve seu *cogito ergo sum* e sua busca por novos horizontes — e, com isso, novas declarações de atuação dentro das noções de destino, tanto individuais quanto sociais. A era da IA ainda precisa definir princípios organizadores, conceitos morais ou a noção de aspirações e limitações.

A revolução da IA ocorrerá mais rapidamente do que a maioria dos humanos espera. A menos que desenvolvamos novos conceitos para explicar, interpretar e organizar suas consequentes transformações, estaremos despreparados para passar por ela ou para lidar com suas implicações. De maneira prática, moral, filosófica e psicológica — em todos os sentidos —, nos encontramos no precipício de uma nova era. Precisamos recorrer a nossos recursos mais profundos — razão, fé, tradição e tecnologia — para adaptar a forma como nos relacionamos com a realidade, a fim de que ela permaneça humana.

CAPÍTULO 7

A IA E O FUTURO

As MUDANÇAS PROVOCADAS pelos avanços da impressão na Europa do século XV podem servir como uma comparação histórica e filosófica com os desafios que enfrentamos na era da IA. Na Europa medieval, o conhecimento era estimado, porém os livros eram raros. Autores individuais produziram literatura ou compilações enciclopédicas sobre fatos, lendas e ensinamentos religiosos. Esses livros, no entanto, eram um tesouro ao qual poucos tinham acesso. Na época, a maior parte da experiência foi vivida, e a maior parte do conhecimento foi transmitida oralmente.

Em 1450, Johannes Gutenberg, um ourives da cidade alemã de Mainz, pegou dinheiro emprestado para financiar a fabricação de uma impressora experimental. A tentativa mal teve sucesso — o negócio fracassou, e os credores o processaram. Em 1455, no entanto, foi impressa a Bíblia de Gutenberg, o primeiro livro impresso da Europa. No fim das contas, a imprensa de Gutenberg provocou uma revolução que reverberou em todas as esferas da vida ocidental e, posteriormente, global. Em 1500, circulavam na Europa cerca de 9 milhões de livros impressos, e o preço da impressão de um único livro começou a despencar. Não só a Bíblia foi amplamente distribuída nas línguas mais utilizadas no cotidiano da população (em vez do latim), como as obras de autores clássicos nas áreas de história, literatura, gramática e lógica também começaram a se multiplicar.[1]

Antes do advento do livro impresso, os europeus medievais acessavam o conhecimento principalmente por meio de tradições comunitárias — participando da colheita e dos ciclos sazonais, com seu acúmulo de sabedoria popular; praticando a fé e observando seus sacramentos nos locais de culto; ingressando em uma guilda, aprendendo técnicas e sendo admitido em suas redes especializadas. Quando novas informações eram adquiridas ou novas ideias surgiam (notícias do exterior, uma agricultura inovadora ou uma invenção mecânica, novas interpretações teológicas), elas eram transmitidas oralmente, por meio de uma comunidade, ou manualmente, por meio de manuscritos copiados à mão.

À medida que os livros impressos se tornaram amplamente disponíveis, a relação entre os indivíduos e o conhecimento mudou. Novas informações e ideias começaram a se espalhar rapidamente por meio dos mais variados canais. As pessoas podiam buscar informações úteis para seus empreendimentos específicos e estudá-las sozinhas. Ao analisar os textos de origem, elas podiam questionar as verdades aceitas. Aquelas com fortes convicções e acesso a recursos modestos ou a um patrono podiam publicar seus insights e suas interpretações. Os avanços na ciência e na matemática começaram a ser transmitidos rapidamente, em escala continental. A troca de panfletos tornou-se um método aceito de disputa política, entrelaçada com a disputa teológica. Novas ideias se espalharam, muitas vezes derrubando ou remodelando fundamentalmente ordens estabelecidas, levando a adaptações da religião (a Reforma), a revoluções na política (ajustando o conceito de soberania nacional) e a novos entendimentos nas ciências (redefinindo o conceito de realidade).

Atualmente, uma nova era dá as caras. Nela, mais uma vez, a tecnologia transformará o conhecimento, a descoberta, a comunicação e o pensamento individual. A inteligência artificial não é humana. Não espera, não ora e não sente; tampouco tem consciência ou habilidades de reflexão. É uma criação humana que reflete processos elaborados por humanos em máquinas criadas por eles. No entanto, em alguns casos, seu alcance e sua velocidade impressionantes geram resultados que se aproximam daqueles que, até agora, só foram alcançados por meio da razão humana. Às vezes, os resultados são surpreendentes. Isso pode revelar aspectos da realidade que são mais drásticos do que qualquer outro que já tenhamos observado. Indivíduos e sociedades que recrutam a IA como parceira para ampliar suas habilidades ou buscar ideias podem ser capazes de realizações — científicas, médicas, militares, políticas e sociais — que sobrepõem as de períodos anteriores. No entanto, uma vez que as máquinas cuja inteligência se aproxima da inteligência humana são consideradas essenciais para gerar resultados melhores e mais rápidos, usar apenas a razão para gerar algum resultado pode parecer arcaico. Após definir uma era, o exercício da razão humana individual pode ter seu significado alterado.

A revolução da impressão na Europa do século XV produziu novas ideias e novos discursos, interrompendo e enriquecendo modos de vida já estabelecidos. A revolução da IA deve fazer algo semelhante a isso: acessar novas informações, produzir grandes avanços científicos e econômicos e, ao fazer isso, transformar o mundo. Contudo, será difícil determinar o impacto no discurso. Ao ajudar a humanidade a conduzir a vida frente à pura totalidade das informações digitais, a IA abrirá espaço para um novo panorama de conhecimento e entendimento nunca antes contemplado. Como alternativa, sua descoberta de padrões em grandes quantidades de dados pode produzir um conjunto de máximas aceitas na forma de uma lei por plataformas digitais a nível continental e global. Isso, por sua vez, pode diminuir a capacidade dos seres humanos de fazer uma investigação cética, que definiu a era atual. Além disso, pode abrir caminho para determinadas sociedades e comunidades de plataformas digitais seguirem por realidades separadas, ou mesmo por um caminho contraditório.

A IA pode melhorar ou — se aplicada incorretamente — piorar o cenário para a humanidade, mas o mero fato de ela existir desafia e, em alguns casos, transcende algumas hipóteses fundamentais. Até agora, apenas os humanos desenvolveram a compreensão da realidade, uma capacidade que definia nosso lugar no mundo e o relacionamento com ele. Com base nisso, elaboramos filosofias, projetamos governos e estratégias militares e desenvolvemos preceitos morais. Agora, a IA revelou que a realidade pode ser conhecida de maneiras diferentes — talvez mais complexas — do que aquilo que foi compreendido somente pelos seres humanos. Às vezes, as realizações da IA podem ser tão impressionantes e desorientadoras quanto foram as dos pensadores humanos mais influentes em seu auge — produzindo insights fabulosos e desafiando os conceitos já estabelecidos, o que exigia um acerto de contas. Ainda mais frequentemente, a IA será invisível, incorporada ao nosso dia a dia, moldando sutilmente nossas experiências de maneiras que achamos intuitivamente adequadas.

Devemos reconhecer que, dentro de parâmetros definidos, às vezes as realizações da IA recebem a mesma classificação, ou até superam, aquelas permitidas pelos recursos humanos. Sentimos certo alívio ao insistir que a IA é algo artificial, que ela não consegue ter e tampouco alcançar nossa experiência consciente da realidade. Mas, quando encontramos algumas de suas conquistas — feitos lógicos, avanços técnicos, ideias estratégicas e gestão sofisticada de sistemas grandes e complexos —, fica evidente que estamos na presença de uma experiência da realidade diferente da nossa, experienciada por outra entidade sofisticada.

Novos horizontes estão se abrindo diante de nós, acessados pela IA. Anteriormente, os limites de nossa mente restringiam nossa capacidade de combinar e analisar dados, filtrar e processar notícias e conversas e interagir socialmente na esfera digital. A IA nos permite navegar por esses domínios de maneira mais eficaz. Ela é capaz de encontrar informações e identificar tendências que os algoritmos tradicionais não conseguiriam — ou pelo menos não com igual graça e eficiência. Ao fazer isso, ela não só expande a realidade física, como também permite a expansão e a organização do mundo digital em crescimento contínuo.

No entanto, ao mesmo tempo, a IA subtrai. Ela acelera as dinâmicas que corroem a razão humana à medida que passamos a entendê-la: as mídias sociais, que diminuem o espaço para reflexão, e a pesquisa online, que diminui o ímpeto para a conceituação. Os algoritmos pré-IA eram bons em fornecer conteúdo "viciante" aos seres humanos. A IA, por sua vez, é excelente nisso. Assim como os contratos de leitura profunda e análise, o mesmo acontece com as recompensas tradicionais pela realização desses processos. Conforme o custo de optar por sair da esfera digital aumenta, sua capacidade de afetar o pensamento humano — convencer, orientar, desviar — também aumenta. Como consequência, o papel humano individual de revisar, testar e dar sentido à informação diminui. Em seu lugar, entra o papel da IA, que se expande.

Os românticos afirmaram que a emoção humana era uma fonte de informação válida e, de fato, importante. Segundo eles, uma experiência subjetiva era uma forma de verdade. Os pós-modernos levaram a lógica dos românticos um passo adiante, questionando a possibilidade de discernir uma realidade objetiva por meio do filtro da experiência subjetiva. A IA expandirá consideravelmente essa questão, porém obtendo resultados paradoxais. Ela analisará padrões profundos e divulgará novos fatos objetivos — diagnósticos médicos, sinais iniciais de desastres industriais ou ambientais, ameaças de segurança iminentes. No entanto, nas esferas da mídia, da política, do discurso e do entretenimento, a IA remodelará as informações, a fim de que elas se adequem às nossas preferências — potencialmente confirmando e aprofundando preconceitos; ao fazer isso, ela estreita o acesso e a concordância sobre uma verdade objetiva. Na era da IA, poderemos nos deparar com um aumento ou uma diminuição da razão humana.

À medida que a IA é moldada no tecido da existência diária, expandindo-a e transformando-a, a humanidade terá impulsos conflitantes. Algumas pessoas, confrontadas por tecnologias além da compreensão do não perceptível, podem ser tentadas a tratar os pronunciamentos da IA como avaliações quase divinas. Embora equivocados, esses impulsos não são sem sentido. Em um mundo no qual uma inteligência além da compreensão ou do controle de alguém tira conclusões que são úteis, porém estranhas, será tolice adiar suas avaliações? Estimulado por essa lógica, pode acontecer um reencantamento do mundo, no qual afirmações oraculares, às quais algumas pessoas se submetem sem questionar, são confiadas a IAs. As pessoas podem perceber uma inteligência divina — uma forma sobre-humana de conhecer o mundo e intuir suas estruturas e possibilidades — principalmente no caso da AGI (inteligência artificial geral).

Essa submissão, no entanto, corroeria o alcance e a escala da razão humana, e provavelmente provocaria uma reação. Da mesma forma que algumas pessoas optam por se desconectar das mídias sociais, limitar o tempo de tela para crianças e não consumir alimentos geneticamente modificados, outras tentarão não participar do "mundo da IA" ou limitar sua exposição aos sistemas de IA a fim de preservar o espaço para a razão. Nas nações liberais, essas escolhas podem ser possíveis, pelo menos a nível individual ou familiar. Mas haverá um custo. Recusar-se a usar a IA significará não apenas optar por não ter conveniências, como recomendações automatizadas de filmes e instruções de direção, mas também deixar para trás o amplo acesso a dados, plataformas digitais e progressos nas áreas de cuidados com saúde e finanças.

No âmbito civilizacional, renunciar à IA será inviável. Os líderes terão que enfrentar as implicações da tecnologia, por cuja aplicação eles têm responsabilidade significativa.

A necessidade de uma ética que compreenda e, inclusive, oriente a era da IA é essencial, mas isso não pode ser confiado, apenas, a uma única disciplina ou setor. Os cientistas da computação e os líderes empresariais que estão desenvolvendo a tecnologia, os estrategistas militares que procuram implantá-la, os líderes políticos que procuram estruturá-la e os filósofos e teólogos que procuram sondar seus significados mais profundos, todos enxergam partes desse cenário. Todos devem participar de uma troca de pontos de vista que não sejam formados com base em preconceitos.

A cada passo, a humanidade terá três opções principais: restringir a IA, fazer parceria com ela ou protelá-la. Essas escolhas definirão a aplicação da IA a tarefas ou esferas específicas, refletindo dimensões filosóficas e práticas. Em emergências aéreas e automotivas, por exemplo, um copiloto de IA deve se submeter a um humano? Ou o contrário? Para cada aplicação da IA, os humanos precisarão traçar um curso; em alguns casos, o curso evoluirá à medida que os recursos de IA e os protocolos humanos para testar os resultados da IA também evoluem. Às vezes, a submissão será apropriada — se uma IA for capaz de detectar o câncer de mama em uma mamografia mais cedo e com maior precisão do que um humano, fazer uso dela poderá salvar vidas. Às vezes, a parceria será a melhor escolha, como em veículos autônomos que funcionam como os pilotos automáticos de aviões da atualidade. Em outros momentos, porém — como em contextos militares —, será importante impor limitações estritas, bem definidas e de fácil compreensão.

A IA transformará nossa abordagem sobre o que conhecemos, como conhecemos e, até mesmo, o que é cognoscível. A era moderna valorizou o conhecimento que a mente humana é capaz de obter por meio da coleta e da análise de dados e da dedução de insights por meio da observação. Nesta era, o tipo ideal de verdade tem sido a hipótese singular e verificável, que pode ser comprovada por meio de testes. Mas a era da IA elevará um conceito de conhecimento que é resultado da parceria entre humanos e máquinas. Juntos, nós (humanos) criaremos e executaremos algoritmos (de computador) que analisarão mais dados e de maneira mais rápida, mais sistemática e por meio de uma lógica que difere de qualquer mente humana. Às vezes, o resultado será a revelação de propriedades do mundo que estavam além de nossa concepção — até que começássemos a cooperar com as máquinas.

A IA já transcende a percepção humana, em certo sentido, por meio da compressão cronológica ou da "viagem no tempo": habilitada por algoritmos e poder de computação, ela analisa e aprende por meio de processos que a mente humana levaria décadas ou até séculos para concluir. Em outros aspectos, o tempo e o poder de computação por si sós não descrevem o que a IA faz.

INTELIGÊNCIA ARTIFICIAL GERAL

Será que os humanos e a IA estão abordando a mesma realidade de pontos de vista diferentes, com pontos fortes complementares? Ou percebemos duas realidades diferentes e parcialmente sobrepostas: uma que os humanos podem elaborar por meio da razão e outra que a IA pode elaborar por meio de algoritmos? Se for esse o caso, então a IA percebe coisas que não percebemos e não conseguimos perceber — não apenas porque não temos tempo para raciocinar sobre elas, mas também porque elas existem em uma esfera que nossa mente não consegue conceituar. A busca humana por conhecer o mundo na totalidade será transformada — e haverá o reconhecimento assombroso de que, para alcançar determinado conhecimento, podemos precisar confiar na IA para adquiri-lo e relatá-lo para nós. Em ambos os casos, conforme a IA persegue objetivos progressivamente mais completos e maiores, cada vez mais ela surgirá na vida dos humanos como um "ser" que experimenta e conhece o mundo — uma combinação de ferramenta, animal de estimação e mente.

Esse quebra-cabeça só se aprofundará à medida que os pesquisadores atingirem ou se aproximarem da AGI. Conforme vimos no Capítulo 3, a AGI não se limitará a aprender e executar tarefas específicas; em vez disso, por definição, a AGI será capaz de aprender e executar uma ampla variedade de tarefas, muito parecidas com as que os humanos realizam. O desenvolvimento da AGI exigirá um imenso poder de computação, provavelmente resultando na criação de apenas algumas organizações bem estruturadas. Como a IA atual, embora a AGI possa ser prontamente distribuível em virtude de suas capacidades, suas aplicações precisarão ser restritas. Podem ser impostas limitações, ao permitir que apenas organizações aprovadas a operem. Então, estas serão as perguntas: quem controla a AGI? Quem concede acesso a ela? A democracia é possível em um mundo em que algumas máquinas "geniais" são operadas por um pequeno número de organizações? Nessas circunstâncias, como será essa parceria com a IA?

Se o advento da AGI acontecer, será um sinal de conquista intelectual, científica e estratégica. Mas ele não precisa acontecer para que a IA anuncie uma revolução nos assuntos humanos.

O dinamismo e a capacidade da IA para ações e soluções emergentes — ou seja, inesperadas — a distinguem das tecnologias anteriores. Não regulamentadas e não monitoradas, as IAs podem divergir de nossas expectativas e, consequentemente, de nossas intenções. A decisão de restringir, fazer parceria ou protelar a IA não será tomada apenas por humanos. Em alguns casos, isso será ditado pela própria IA; em outros, por forças auxiliares. A humanidade pode se envolver em uma corrida em direção ao abismo. À medida que a IA automatiza processos, permite que os humanos analisem grandes conjuntos de dados e organizem e reorganizem o mundo tanto físico quanto social, as vantagens podem ser obtidas por aqueles que se moverem primeiro. A concorrência pode obrigar a implementação da AGI sem um tempo adequado para avaliar seus riscos — ou até desconsiderando-os.

É fundamental elaborar uma ética para a IA. Cada decisão individual — de restringir, associar-se ou protelar — pode ou não ter consequências dramáticas, mas, no todo, essas decisões serão ampliadas. Elas não podem ser feitas de maneira isolada. Se a humanidade deve ser responsável por moldar o futuro, ela precisa concordar com relação a princípios comuns, orientando cada escolha. Será difícil alcançar uma ação coletiva — às vezes, impossível —, mas ações individuais sem uma ética comum para orientá-las apenas aumentarão a instabilidade.

Aqueles que projetam, treinam e fazem parceria com a IA poderão alcançar objetivos em uma escala e um nível de complexidade que, até agora, iludiram a humanidade — novos avanços científicos, novas eficiências econômicas, novas formas de segurança e novas dimensões de monitoramento e controle. Aqueles que não têm essa atuação no processo de expansão da IA e de seus usos podem sentir que estão sendo observados, estudados e influenciados por algo que não entendem e que não projetaram ou escolheram — uma força que opera com uma opacidade que, em muitas sociedades, não é tolerada por agentes ou instituições humanas convencionais. Os designers e implementadores de IA devem estar preparados para lidar com essas preocupações — acima de tudo, explicando a não tecnólogos o que a IA está fazendo, bem como o que ela "sabe" e como sabe.

As qualidades dinâmicas e emergentes da IA geram ambiguidade em pelo menos dois aspectos. Primeiro, ela pode operar conforme esperamos, mas gerar resultados que não prevemos. Com esses resultados, pode levar a humanidade a lugares que seus criadores não previram. Assim como os estadistas de 1914 falharam em reconhecer que a velha lógica da mobilização militar, combinada com a nova tecnologia, levaria a Europa à guerra, a implementação da IA sem uma consideração cuidadosa pode ter graves consequências, que podem ser localizadas, como um carro autônomo que toma uma decisão que leva ao risco de morte, ou monumentais, como um importante conflito militar. Em segundo lugar, em algumas aplicações, a IA pode ser imprevisível, fazendo de suas ações uma surpresa completa. Considere o AlphaZero, que, em resposta à instrução "vencer no xadrez", desenvolveu um estilo de jogada que, na história milenar do jogo, os humanos nunca haviam concebido. Embora os humanos possam especificar meticulosamente os objetivos da IA, à medida que lhe damos uma latitude mais ampla, os caminhos que ela toma para atingir seus objetivos podem nos surpreender ou, até mesmo, nos alarmar.

Consequentemente, os objetivos e as autorizações da IA precisam ser projetados com cuidado, especialmente em setores nos quais as decisões podem ser letais. A IA não deve ser tratada como automática. Também não lhe deve ser permitido agir de maneira irrevogável sem supervisão, monitoramento ou controle direto. Como foi criada por humanos, ela também deve ser supervisionada por eles. Em nossa era, no entanto, um dos desafios da IA é que as habilidades e os recursos necessários para criá-la não são inevitavelmente combinados com a perspectiva filosófica de entender suas implicações mais amplas. Muitos de seus criadores estão preocupados, principalmente, com as aplicações que elas permitem e com os problemas que buscam resolver: eles não procuram fazer uma pausa para considerar se a solução pode produzir uma revolução de proporções históricas ou como sua tecnologia pode afetar grandes grupos de pessoas. A era da IA precisa ter o próprio Descartes e o próprio Kant para explicar o que está sendo criado e o que isso significará para a humanidade.

A discussão e a negociação fundamentadas que envolvem governos, universidades e inovadores do setor privado devem ter como objetivo estabelecer limites para ações práticas — como aquelas que governam as ações de pessoas e organizações na atualidade. A IA compartilha atributos de alguns produtos, serviços, tecnologias e entidades regulamentadas, mas é distinta deles de maneiras vitais, sem uma estrutura conceitual própria e legal totalmente definida. Por exemplo, as propriedades emergentes e em evolução da IA apresentam desafios regulatórios: o que e como ela opera no mundo podem variar entre os setores e evoluir com o tempo, nem sempre de maneiras previsíveis. A governança das pessoas é guiada por uma ética.

A IA implora por uma ética própria, que reflita não só a natureza da tecnologia, mas também os desafios colocados por ela.

Os princípios existentes não serão frequentemente aplicados. Na era da fé, os tribunais determinavam a culpa durante as provações nas quais o acusado enfrentava o julgamento por combate e acreditava-se que Deus ditava a vitória. Na era da razão, a humanidade atribui a culpa de acordo com os preceitos da razão, determinando a culpabilidade e aplicando a punição coerente a partir de noções como causalidade e intenção. Mas as IAs não funcionam por meio da razão humana, elas não têm motivação, intenção ou autorreflexão como os humanos. Consequentemente, a sua introdução complica os princípios de justiça existentes que vêm sendo aplicados aos seres humanos. Quando um sistema autônomo que opera com base nas próprias percepções e decisões age, o criador assume a responsabilidade? Ou o fato de a IA ter agido a separa de seu criador, pelo menos em relação à culpabilidade? Se a IA é recrutada para monitorar sinais de irregularidades criminais ou para ajudar em julgamentos de inocência e culpa, ela deve ser capaz de "explicar" como chegou a determinadas conclusões para que as autoridades humanas possam considerá-las?

Em que ponto e em quais contextos na evolução da tecnologia a IA deve ser sujeita a restrições negociadas internacionalmente é outro tema importante que merece debate. Se isso acontecer muito cedo, a tecnologia pode ser bloqueada ou pode haver incentivos para ocultar suas capacidades; se acontecer com atraso, pode ter consequências prejudiciais, principalmente em contextos militares. O desafio é agravado pela dificuldade de projetar sistemas de verificação eficazes para uma tecnologia que não é palpável, não é transparente e é facilmente distribuída. Os negociadores oficiais inevitavelmente serão os governos. Mas fóruns precisam ser criados para os setores de tecnologia, especialistas em ética, empresas que criam e operam IAs, entre outros.

Para as sociedades, os dilemas que a IA levanta são profundos. Agora, grande parte de nossa vida social e política transpira em plataformas digitais capacitadas por IA. Esse é, em especial, o caso das democracias, que dependem desses espaços de informação para o debate e o discurso que formam a opinião pública e lhe conferem legitimidade. Quem ou quais instituições devem definir o papel da tecnologia? Quem deve regular esse papel? Que papéis devem ser desempenhados pelas pessoas que usam a IA? Pelas corporações que a desenvolvem? Pelos governos das sociedades que a implantam? Para abordar essas questões, em parte, devemos buscar maneiras de torná-las auditáveis — ou seja, transformar seus processos e conclusões em algo verificável e corrigível. As correções de formulação, por sua vez, dependerão da elaboração de princípios que respondem às formas de percepção e tomada de decisão da IA. Moralidade, vontade e, até mesmo, causalidade não delineiam um traço ordenado em direção a um mundo de IAs autônomas. Há versões dessas questões para a maioria dos outros elementos da sociedade, do transporte às finanças e à medicina.

Considere o impacto da IA nas mídias sociais. Em virtude das recentes inovações, essas plataformas rapidamente passaram a hospedar aspectos vitais de nossa vida em comunidade. O Twitter e o Facebook destacam, limitam ou banem completamente conteúdo ou perfis pessoais — funções que, conforme discutimos no Capítulo 4, dependem da IA. Isso é uma prova do poder dessas ferramentas. As nações democráticas, em particular, serão cada vez mais desafiadas pelo uso da IA na promoção ou na remoção unilateral, muitas vezes não transparente, de conteúdos e conceitos. Será possível manter nossa atuação à medida que nossa vida social e política migra, cada vez mais, para esferas que passam pela curadoria de uma IA, nas quais só podemos navegar se confiarmos nessa curadoria?

Com o uso das IAs para navegar em meio a enormes blocos de informação, surge o desafio da distorção — das IAs promovendo a imagem do mundo que os humanos instintivamente preferem. Nessa esfera, nossos vieses cognitivos, que as IAs conseguem imediatamente ampliar, ecoam. Com essas reverberações, com a multiplicidade de escolha juntamente com o poder de selecionar e ocultar, a desinformação se multiplica. As empresas de mídia social não administram feeds de notícias para promover a extrema e violenta polarização política. Mas é evidente que esses serviços não resultaram na maximização do discurso esclarecido.

IA, INFORMAÇÃO GRATUITA E PENSAMENTO INDEPENDENTE

Então como deve ser nosso relacionamento com a IA? Limitado, empoderador ou uma parceira na gestão desses espaços? É indiscutível que a distribuição de determinadas informações — e, mais ainda, de desinformação de maneira deliberada — pode prejudicar, dividir e incitar. É necessário estabelecer alguns limites. No entanto, a espontaneidade com que as informações prejudiciais são, agora, denunciadas, combatidas e suprimidas também deve nos levar à reflexão. Em uma sociedade livre, as definições de *prejudicial* e *desinformação* não devem se limitar à alçada das corporações. Mas se forem confiadas a um júri ou a uma entidade governamental, esse órgão deve trabalhar de acordo com padrões públicos definidos e por meio de processos verificáveis, para não se sujeitar à exploração por quem está no poder. Se forem confiadas a um algoritmo de IA, a função, o objetivo, o aprendizado, as decisões e as ações desse algoritmo devem ser claros e estar sujeitos a uma revisão externa e, pelo menos, a algum tipo de recurso humano.

Naturalmente, as respostas variam entre as sociedades. Algumas pessoas podem enfatizar a liberdade de expressão, possivelmente de maneira diferente, com base em seus entendimentos relativos da expressão individual e, assim, limitar o papel da IA na moderação de conteúdo. Cada sociedade escolherá aquilo que valoriza, talvez resultando em relações complexas com operadores de plataformas digitais transnacionais. A IA é porosa — ela aprende com os humanos mesmo quando a projetamos e moldamos. Assim, não apenas as escolhas de cada sociedade variam, como também o relacionamento de cada uma com a IA, sua percepção da IA e os padrões que suas IAs imitam e aprendem com os professores humanos. A busca por fatos e verdades, no entanto, não deve levar as sociedades a viver a vida através de um filtro cujos contornos não são revelados e não podem ser testados. A experiência espontânea da realidade, em toda a sua contradição e complexidade, é um aspecto importante da condição humana — mesmo quando leva à ineficiência ou ao erro.

A IA E A ORDEM INTERNACIONAL

Globalmente, inúmeras perguntas exigem respostas. Como as plataformas digitais de IA podem ser regulamentadas sem incitar tensões entre os países preocupados com seu envolvimento na segurança? Essas plataformas corroerão os conceitos tradicionais de soberania do Estado? As mudanças resultantes disso imporão ao mundo uma polaridade desconhecida desde o colapso da União Soviética? As nações pequenas se oporão a isso? Os esforços para mediar essas consequências serão bem-sucedidos ou, pelo menos, haverá alguma esperança de sucesso?

À medida que as capacidades da IA continuam a aumentar, definir o papel da humanidade em parceria com ela será cada vez mais importante e complicado. Pode-se contemplar um mundo em que os humanos se submetem à IA em um grau cada vez maior a respeito de questões de magnitude também cada vez maior. Em um mundo no qual um oponente implementa a IA com sucesso, os líderes que se defendem dela podem decidir com responsabilidade não implementar a própria IA, mesmo que não tenham certeza de qual evolução essa implementação poderia anunciar? E se a IA tivesse uma capacidade superior de recomendar um curso de ação, os formuladores de políticas poderiam recusar de maneira razoável, mesmo que esse curso de ação envolvesse um sacrifício de alguma magnitude? Afinal, que humano poderia saber se o sacrifício seria essencial para a vitória? E se fosse, o formulador de políticas realmente desejaria contradizê-la? Ou seja, podemos não ter outra escolha a não ser promover a IA, mas também temos o dever de moldá-la de maneira compatível com um futuro humano.

A imperfeição é um dos aspectos mais duradouros da experiência humana, especialmente da liderança. Muitas vezes, os formuladores de políticas são distraídos por preocupações provincianas. Às vezes, eles agem com base em hipóteses erradas. Outras vezes, agem por pura emoção. Outros, ainda, têm sua visão distorcida pela ideologia. Quaisquer que sejam as estratégias que surjam para moldar a parceria humano-IA, eles devem adaptá-las. Se a IA exibe capacidades sobre-humanas em algumas áreas, seu uso deve ser assimilável em contextos humanos imperfeitos.

Na esfera da segurança, os sistemas capacitados por IA serão tão responsivos que os adversários podem tentar atacar antes que os sistemas estejam em operação. O resultado pode ser uma situação inerentemente desestabilizadora, comparável àquela criada pelas armas nucleares. No entanto, as armas nucleares estão situadas em uma estrutura internacional de conceitos sobre segurança e controle de armas desenvolvidos ao longo de décadas por governos, cientistas, estrategistas e especialistas em ética, sujeitos a refinamento, a debate e à negociação. A IA e as armas cibernéticas não têm uma estrutura comparável. De fato, os governos podem estar relutantes em reconhecer sua existência. As nações — e provavelmente as empresas de tecnologia — precisam concordar quanto ao modo como coexistirão com a IA armada.

A difusão da IA por meio das funções de defesa dos governos alterará o equilíbrio entre governos internacionais e os cálculos que sustentaram esse equilíbrio em grande parte de nossa era. As armas nucleares são caras e, por causa de seu tamanho e sua estrutura, são difíceis de esconder. A IA, por outro lado, é executada em computadores amplamente disponíveis. Em virtude da experiência e dos recursos de computação necessários para treinar modelos de aprendizado de máquina, a criação de uma IA requer os recursos de grandes empresas ou Estados-nação. Como sua aplicação é realizada em computadores relativamente pequenos, a IA estará amplamente disponível, inclusive de maneiras não pretendidas. As armas habilitadas por IA estarão disponíveis para qualquer pessoa com um notebook, uma conexão com a internet e capacidade de navegar pelos elementos obscuros que ela abriga? Os governos capacitarão agentes, remotamente afiliados ou não a eles, para usar a IA para assediar os oponentes? Os terroristas projetarão ataques de IA? Eles serão capazes de (falsamente) atribuí-los a Estados ou outros agentes?

A diplomacia, que costumava ser conduzida em um contexto organizado e previsível, terá uma grande variedade de informações e operações. As linhas anteriormente nítidas traçadas pela geografia e pela linguagem continuarão a se dissolver. Os tradutores de IA facilitarão a fala, não isolados pelo efeito moderador da familiaridade cultural que é adquirida por meio do estudo linguístico. As plataformas digitais capacitadas por IA promoverão a comunicação além das fronteiras. O hacking e a desinformação continuarão a distorcer a percepção e a avaliação. Conforme a complexidade aumenta, a formulação de acordos executáveis com resultados previsíveis se tornará mais difícil.

O enxerto da funcionalidade da IA em armas cibernéticas aprofunda esse dilema. A humanidade evitou o paradoxo nuclear ao fazer a nítida distinção entre forças convencionais — consideradas conciliáveis com a estratégia tradicional — e armas nucleares, consideradas excepcionais. Nos locais em que as armas nucleares aplicaram a força abertamente, as forças convencionais eram discriminatórias. Mas as armas cibernéticas, capazes de discriminação e destruição em massa, eliminam essa barreira. À medida que a IA é delineada para essas armas, elas se tornam mais imprevisíveis e potencialmente mais destrutivas. Simultaneamente, à medida que se movem pelas redes, elas desafiam a atribuição. Elas também desafiam a detecção

— ao contrário das armas nucleares, podem ser carregadas em pen drives — e facilitam a difusão. Em algumas formas, uma vez implementadas, podem ser de difícil controle, principalmente devido à natureza dinâmica e emergente da IA.

Essa situação desafia a premissa de uma ordem mundial baseada em regras. Além disso, dá origem a um imperativo: desenvolver um conceito de controle de armas para a IA. Na era da IA, a dissuasão não funcionará por meio de preceitos históricos; ela não será capaz disso. No início da era nuclear, as verdades elaboradas em discussões entre os principais professores (que tinham experiência governamental) em Harvard, no MIT e no Caltech levaram a uma estrutura conceitual para o controle de armas nucleares que, por sua vez, contribuiu para um regime (e, nos Estados Unidos e em outros países, atuações para implementá-lo). Embora o pensamento dos acadêmicos sobre a guerra convencional fosse importante, ele foi conduzido separadamente do pensamento do Pentágono — foi um acréscimo, não uma modificação. Mas os usos militares potenciais da IA são mais amplos do que os das armas nucleares, e as divisões entre ataque e defesa são, pelo menos atualmente, pouco claras.

Em um mundo de tamanha complexidade e de incalculabilidade inerente, no qual as IAs introduzem outra possível fonte de falhas e erros, mais cedo ou mais tarde, as grandes potências que apresentam capacidades de alta tecnologia precisarão ter um diálogo permanente. Esse diálogo deve focar algo essencial: evitar a catástrofe e, ao fazer isso, sobreviver.

A IA e outras tecnologias emergentes (como a computação quântica) parecem estar ajudando os humanos a se aproximarem do conhecimento da realidade além dos limites de nossa própria percepção. Em última análise, no entanto, podemos descobrir que mesmo essas tecnologias têm limites. Nosso problema é que ainda não compreendemos suas implicações filosóficas. Estamos sendo impelidos por elas, mas de maneira automática e inconsciente. A última vez que a consciência humana foi alterada significativamente — durante o Iluminismo —, a transformação ocorreu porque a nova tecnologia gerou novos insights filosóficos, que, por sua vez, foram difundidos por meio dela (na forma da imprensa). Em nossa era, foram desenvolvidas novas tecnologias, mas estas ainda precisam de uma filosofia que as oriente.

A IA é um grande empreendimento com enormes benefícios potenciais. Os humanos estão desenvolvendo-a, mas vamos empregá-la para melhorar ou piorar nossa vida? Existe uma promessa de medicamentos mais fortes, cuidados com a saúde mais eficientes e justos, práticas ambientais mais sustentáveis, entre outros avanços. Simultaneamente, porém, há a capacidade de distorcer ou, no mínimo, agravar a complexidade do consumo da informação e da identificação da verdade, fazendo com que algumas pessoas permitam que suas capacidades de pensamento independente e de julgamento atrofiem.

Outros países fizeram da IA um projeto nacional. Os Estados Unidos, como nação, ainda não exploraram sistematicamente seu alcance e não estudaram suas implicações ou iniciaram o processo de reconciliação com ela. Os EUA devem fazer de todos esses projetos prioridades nacionais. Isso exigirá que pessoas com vasta experiência em diversas esferas trabalhem juntas — um processo que se beneficiaria muito (e talvez exigiria) da liderança de um pequeno grupo de figuras respeitadas dos mais altos níveis do governo, dos negócios e da academia.

Esse grupo ou comissão deve ter pelo menos duas funções:

1. Nacionalmente, deve garantir que o país permaneça intelectual e estrategicamente competitivo com relação à implementação da IA.
2. Tanto nacional quanto globalmente, deve estudar e aumentar a conscientização sobre as implicações culturais que a IA gera.

Além disso, o grupo deve estar preparado para se envolver com outros grupos nacionais e subnacionais existentes.

Escrevemos em meio a uma grande tentativa que abrange todas as civilizações humanas — na verdade, toda a espécie humana. Seus iniciadores não necessariamente a conceberam como tal; sua motivação era resolver problemas, não avaliar ou reestruturar a condição humana. A tecnologia, a estratégia e a filosofia precisam estar alinhadas para que uma não ultrapasse as outras. E quanto à sociedade tradicional que devemos proteger? E quanto à sociedade tradicional que devemos colocar em risco a fim de alcançar uma superior? Como as qualidades emergentes da IA podem ser integradas aos conceitos tradicionais de normas sociais e equilíbrio internacional? Que outras perguntas devemos procurar responder quando não temos experiência ou intuição para a situação em que nos encontramos?

Por fim, surge uma "metaquestão": a necessidade da filosofia pode ser atendida por humanos *auxiliados* por IAs, que interpretam e, portanto, entendem o mundo de maneira diferente? Nosso destino é aquele em que os humanos não entendem completamente as máquinas, mas fazem as pazes com elas e, ao fazer isso, mudam o mundo?

Immanuel Kant abriu o prefácio de sua obra *Crítica da Razão Pura* com esta observação:

> A razão humana tem o peculiar destino, em um dos gêneros de seus conhecimentos, de ser atormentada por perguntas que não pode recusar, posto que lhe são dadas pela natureza da própria razão, mas que também não pode responder, posto ultrapassarem todas as faculdades da razão humana.[2]

Nos séculos que se seguiram, a humanidade se aprofundou na investigação dessas questões, algumas das quais dizem respeito à natureza da mente, da razão e da própria realidade. Houve grandes avanços. A humanidade também encontrou muitas das limitações postuladas por Kant — uma esfera de perguntas que não podem ser respondidas, de fatos que não é possível conhecer completamente.

O advento da IA, com sua capacidade de aprender e processar informações de maneiras que a razão humana sozinha não é capaz, pode gerar progresso em relação a questões que provaram estar além de nossa capacidade de resposta. Mas o sucesso gerará novas questões, algumas das quais tentamos articular neste livro. A inteligência humana e a inteligência artificial estão se encontrando, sendo aplicadas a atividades em escalas nacionais, continentais e até globais. Compreender essa transição e desenvolver uma ética orientadora para ela exigirão o comprometimento e a percepção de diversos elementos da sociedade: cientistas e estrategistas, estadistas e filósofos, clérigos e CEOs. Esse compromisso deve ser feito dentro das nações e entre elas. Agora é hora de definir tanto nossa parceria com a inteligência artificial quanto com a realidade que resultará dela.

NOTAS

PREFÁCIO

1. "AI Startups Raised USD734bn in Total Funding in 2020", *Private Equity Wire*, 19 de novembro de 2020, https://www.private equitywire.co.uk/2020/11/19/292458/ai-startups-raised-usd734bn-total-funding-2020.

CAPÍTULO 1

1. Mike Klein, "Google's AlphaZero Destroys Stockfish in 100Game Match", Chess.com, 6 de dezembro de 2017, https://www.chess.com/news/view/google-s-alphazero-destroys-stockfish-in-100-game-match; https://perma.cc/8WGK-HKYZ; Pete, "AlphaZero Crushes Stockfish in New 1,000-Game Match", Chess.com, 17 de abril de 2019, https://www.chess.com/news/view/updated-alphazero-crushes-stockfish-in-new-1-000-game-match.
2. Garry Kasparov. Foreword. *Game Changer: AlphaZero's Ground-breaking Chess Strategies and the Promise of AI*, de Matthew Sadler e Natasha Regan, New in Chess, 2019, p. 10.

3. "Step 1: Discovery and Development", Administração de Alimentos e Medicamentos dos EUA, 4 de janeiro de 2018, https://www.fda.gov/patients/drug-development-process/step-1-discovery-and-development.
4. Jo Marchant, "Powerful Antibiotics Discovered Using AI", *Nature*, 20 de fevereiro de 2020, https://www.nature.com/articles/d41586-020-00018-3.
5. Raphaël Millière (@raphamilliere), "I asked GPT-3 to write a response to the philosophical essays written about it...", 31 de julho de 2020, 5h24, https://twitter.com/raphamilliere/status/1289129723310886912/photo/1; Justin Weinberg, "Update: Some Replies by GPT-3", *Daily Nous*, 30 de julho de 2020, https://dailynous.com/2020/07/30/philosophers-gpt-3/#gpt3replies.
6. Richard Evans e Jim Gao, "DeepMind AI Reduces Google Data Centre Cooling Bill by 40%", blog do DeepMind, 20 de julho de 2016, https://deepmind.com/blog/article/deepmind-ai-reduces-google-data-centre-cooling-bill-40.
7. Will Roper, "AI Just Controlled a Military Plane for the First Time Ever", *Popular Mechanics*, 16 de dezembro de 2020, https://www.popularmechanics.com/military/aviation/a34978872/artificial-intelligence-controls-u2-spy-plane-air-force-exclusive.

CAPÍTULO 2

1. Edward Gibbon, *The Decline and Fall of the Roman Empire* (Nova York: Everyman's Library, 1993), v. 1, p. 35.
2. Essa tentativa só foi considerada chocante no Ocidente. Por milênios, as tradições de governança e estadismo de outras civilizações conduziram investigações comparáveis sobre os interesses nacionais e os métodos de sua busca — a *Arte da Guerra* da China remonta ao século V a.C., e a *Arthashastra* da Índia parece ter sido composta mais ou menos na mesma época.
3. O filósofo alemão do início do século XX Oswald Spengler identificou esse aspecto da experiência ocidental da realidade como a sociedade "faustiana", definida pelo impulso em direção ao movimento em vastos cenários do espaço e na busca por conhecimento ilimitado. Como indica o título de sua principal obra, *A Decadência do Ocidente*, Spengler sustentava que esse

impulso cultural, como todos os outros, tinha limites — nesse caso, definidos pelos ciclos da história.

4. Ernst Cassirer, *The Philosophy of the Enlightenment*, tradução de Fritz C. A. Koelln e James P. Pettegrove (Princeton, NJ: Princeton University Press, 1951), p. 14. [Obra disponível em português com o título *A Filosofia do Iluminismo*.]

5. Tradições orientais alcançaram insights semelhantes anteriormente, por diferentes rotas. O budismo, o hinduísmo e o taoísmo sustentavam que as experiências da realidade dos seres humanos eram subjetivas e relativas e, portanto, que a realidade não era simplesmente o que aparecia diante dos olhos dos humanos.

6. Baruch Spinoza, *Ethics*, tradução de R. H. M. Elwes, livro V, prop. XXXI–XXXIII, https://www.gutenberg.org/files/3800/3800-h/3800-h.htm#-chap05.

7. Desde então, as vicissitudes da história transformaram Königsberg na cidade russa de Kaliningrado.

8. Immanuel Kant, *Critique of Pure Reason*, tradução de Paul Guyer e Allen W. Wood, edição de Cambridge das obras de Immanuel Kant (Cambridge, UK: Cambridge University Press, 1998), p. 101. [Obra disponível em português com o título *Crítica da Razão Pura*.]

9. Ver Paul Guyer e Allen W. Wood, introdução a Kant, *Critique of Pure Reason*, p. 12.

10. Kant timidamente colocou o divino além da esfera da razão teórica humana, preservando-o para a "crença".

11. Ver Charles Hill, *Grand Strategies: Literature, Statecraft, and World Order* (New Haven, CT: Yale University Press, 2011), p. 177–185.

12. Immanuel Kant, "Perpetual Peace: A Philosophical Sketch", em *Political Writings*, edição de Hans Reiss, tradução de H. B. Nisbet, 2. ed. ampliada. Textos de Cambridge na História do Pensamento Político (Cambridge, UK: Cambridge University Press, 1991), p. 114–115.

13. Michael Guillen, *Five Equations That Changed the World: The Power and the Poetry of Mathematics* (Nova York: Hyperion, 1995), p. 231–254.

14. Werner Heisenberg, "Ueber den anschaulichen Inhalt der quantentheoretischen Kinematik and Mechanik", *Zeitschrift für Physik*, conforme citado em *Stanford Encyclopedia of Philosophy*, "The Uncertainty Principle", https://plato.stanford.edu/entries/qt-uncertainty/.
15. Ludwig Wittgenstein, *Philosophical Investigations*, tradução de G. E. M. Anscombe (Oxford, UK: Basil Blackwell, 1958), p. 32–34.
16. Ver Eric Schmidt e Jared Cohen, *The New Digital Age: Reshaping the Future of People, Nations, and Business* (Nova York: Alfred A. Knopf, 2013).

CAPÍTULO 3

1. Alan Turing, "Computing Machinery and Intelligence", p. 59, n. 236 (outubro de 1950), p. 433–460, reimpresso em B. Jack Copeland, ed., *The Essential Turing: Seminal Writings in Computing, Logic, Philosophy, Artificial Intelligence, and Artificial Life Plus the Secrets of Enigma* (Oxford, UK: Oxford University Press, 2004), p. 441–464.
2. Especificamente, uma busca na árvore de Monte Carlo de movimentos futuros habilitados ou impedidos.
3. James Vincent, "Google 'Fixed' Its Racist Algorithm by Removing Gorillas from Its Image-Labeling Tech", *The Verge*, 12 de janeiro de 2018, https://www.theverge.com/2018/1/12/16882408/google-racist-gorillas-photo-recognition-algorithm-ai.
4. James Vincent, "Google's AI Thinks This Turtle Looks Like a Gun, Which Is a Problem", *The Verge*, 2 de novembro de 2017, https://www.theverge.com/2017/11/2/16597276/google-ai-image-attacks-adversarial-turtle-rifle-3d-printed.
5. E, em menor escala, Europa e Canadá.

CAPÍTULO 4

1. No entanto, alguns episódios históricos nos apresentam comparações instrutivas. Para um levantamento das interações entre o poder centralizado e as redes, ver Niall Ferguson, *The Square and the Tower: Networks and Power, from the Freemasons to Facebook* (Nova York: Penguin Press, 2018). [Obra disponível em português com o título *A Praça e a Torre: Redes, Hierarquias e a Luta pelo Poder Global*.]
2. Embora o termo *plataforma* possa ser usado para significar muitas coisas diferentes na esfera digital, usamos especificamente *plataforma digital* para nos referirmos a serviços online com efeitos de rede positivos.
3. https://investor.f b.com/investor-news/press-release-details/2021/Facebook--Reports-Fourth-Quarter-and-Full-Year-2020-Results/default.aspx.
4. As estatísticas sobre remoções são divulgadas publicamente a cada trimestre. Ver https://transparency.facebook.com/community-standardsenforcement.
5. Ver Cade Metz, "AI Is Transforming Google Search. The Rest of the Web Is Next", em *Wired*, 4 de fevereiro de 2016. Desde então, os avanços na IA para a pesquisa continuaram. Alguns dos mais recentes estão descritos no blog do Google, *The Keyword* (ver Prabhakar Raghavan, "How AI Is Powering a More Helpful Google", 15 de outubro de 2020, https://blog.google/products/search/search-on/), como correção ortográfica e a capacidade de pesquisar frases ou trechos específicos, vídeos e resultados numéricos.
6. Os efeitos de rede positivos podem ser mais bem compreendidos em relação às economias de escala. Com estas, um grande provedor geralmente pode ter vantagem de custo e, quando isso leva a preços mais baixos, pode beneficiar clientes ou usuários individuais. Mas como os efeitos de rede positivos dizem respeito à eficácia de um produto ou serviço, não apenas ao custo, eles costumam ser consideravelmente mais fortes do que as economias de escala.
7. Ver Kris McGuffie e Alex Newhouse, "The Radicalization Risks Posed by GPT-3 and Advanced Neural Language Models", Middlebury Institute of International Studies, em Monterey, Centro de Terrorismo, Extremismo e Contraterrorismo, 9 de setembro de 2020, https://www.middlebury.edu/institute/sites/www.middlebury.edu.institute/files/2020-09/gpt3 article.

pdf ?f bclid=IwARoroLroOYpt5wgr8EO psIvGL2sEAi5HoPimcGlQcrpK-FaG_HDDs3lBgqpU.

CAPÍTULO 5

1. Carl von Clausewitz, *On War*, edição e tradução de Michael Howard e Peter Paret (Princeton, NJ: Princeton University Press, 1989), p. 75. [Obra disponível em português com o título *Da Guerra*.]
2. Essa dinâmica se estende além da esfera puramente militar. Ver Kai-Fu Lee, *AI Superpowers: China, Silicon Valley, and the New World Order* (Boston e Nova York: Houghton Mifflin Harcourt, 2018); Michael Kanaan, *T-Minus AI: Humanity's Countdown to Artificial Intelligence and the New Pursuit of Global Power* (Dallas: BenBella Books, 2020).
3. John P. Glennon, ed., *Foreign Relations of the United States*, v. 19, *National Security Policy, 1955–1957* (Washington, D.C.: US Government Printing Office, 1990), p. 61.
4. Ver Henry A. Kissinger, *Nuclear Weapons and Foreign Policy* (Nova York: Harper & Brothers, 1957).
5. Ver, por exemplo, Departamento de Defesa, "America's Nuclear Triad", https://www.defense.gov/Experience/Americas-Nuclear-Triad/.
6. Ver, por exemplo, Agência de Inteligência de Defesa, "Russia Military Power: Building a Military to Support Great Power Aspirations" (não classificado), 2017, p. 26–27, https://www.dia.mil/Portals/27/Documents/News/Military%20Power%20Publications/Russia%20Military%20Power%20Report%20 2017.pdf; Anthony M. Barrett, "False Alarms, True Dangers? Current and Future Risks of Inadvertent U.S.-Russian Nuclear War", 2016, https://www.rand.org/content/dam/rand/pubs/perspectives/PE100/PE191/RAND_PE191.pdf; David E. Hoffman, *The Dead Hand: The Untold Story of the Cold War Arms Race and Its Dangerous Legacy* (Nova York: Doubleday, 2009).
7. Por exemplo, o malware NotPetya implantado por operadores russos contra instituições financeiras e agências governamentais ucranianas em 2017 acabou se espalhando muito além de entidades direcionadas na Ucrânia para

usinas de energia, hospitais, fornecedores de transporte e logística e empresas de energia em outros países, incluindo a própria Rússia. Como o senador Angus King e o representante Mike Gallagher, presidentes da Comissão de Solarium do Ciberespaço dos Estados Unidos, disseram em seu relatório de março de 2020: "Como uma infecção na corrente sanguínea, o malware se espalhou por todas as cadeias de suprimentos globais". Ver p. 8 de *Report of the United States Cyberspace Solarium Commission*, https://drive.google.com/file/d/1ryMCIL_dZ30QyjFqFkkf10MxIXJGT4yv/view.

8. Ver Andy Greenberg, *Sandworm: A New Era of Cyberwar and the Hunt for the Kremlin's Most Dangerous Hackers* (Nova York: Doubleday, 2019); Fred Kaplan, *Dark Territory: The Secret History of Cyber War* (Nova York: Simon & Schuster, 2016). [Obra disponível em português com o título *Sandworm: Uma Nova Era na Guerra Cibernética e a Caça pelos Hackers mais Perigosos do Kremlin*.]
9. Ver Richard Clarke e Robert K. Knake, *The Fifth Domain: Defending Our Country, Our Companies, and Ourselves in the Age of Cyber Threats* (Nova York: Penguin Press, 2019). [Obra disponível em português com o título *O Quinto Domínio: Defendendo Nosso País, Nossas Empresas e Nós Mesmos na Era das Ameaças Cibernéticas*.]
10. Ver, por exemplo, *Summary: Department of Defense Cyber Strategy 2018*, https://media.defense.gov/2018/Sep/18/2002041658/-1/-1/1/CYBER_STRATEGY_SUMMARY_FINAL.PDF.
11. Para visões gerais representativas, ver Eric Schmidt, Robert Work et al. *Final Report: National Security Commission on Artificial Intelligence*, março de 2021, https://www.nscai.gov/2021-final-report; Christian Brose, *The Kill Chain: Defending America in the Future of High-Tech Warfare* (Nova York: Hachette Books, 2020); Paul Scharre, *Army of None: Autonomous Weapons and the Future of War* (Nova York: W. W. Norton, 2018).
12. Will Roper, "AI Just Controlled a Military Plane for the First Time Ever", *Popular Mechanics*, 16 de dezembro de 2020, https://www.popularmechanics.com/military/aviation/a34978872/artificial-intelligence-controls-u2-spy-plane-air-force-exclusive.
13. Ver, por exemplo, "Automatic Target Recognition of Personnel and Vehicles from an Unmanned Aerial System Using Learning Algorithms", SBIR/STTR

(Small Business Innovation Research and Small Business Technology Transfer programs), 29 de novembro de 2017 ("Objetivo: Desenvolver um sistema que possa ser integrado e implantado em um Sistema Aéreo Não Tripulado de classe 1 ou classe 2... para automaticamente detectar, reconhecer, classificar, identificar... e direcionar alvos pessoais e plataformas terrestres ou outros alvos de interesse"), https://www.sbir.gov/sbirsearch/detail/1413823; Gordon Cooke, "Magic Bullets: The Future of Artificial Intelligence in Weapons Systems", *Army AL&T*, junho de 2019, https://www.army.mil/article/223026/magic_bullets_the_future_of_artificial_intelligence_in_weapons_systems.

14. Scharre, *Army of None*, p. 102–119.

15. Ver, por exemplo, Escritório da Casa Branca dos Estados Unidos, "National Strategy for Critical and Emerging Technologies", outubro de 2020, https://www.hsdl.org/?view&did=845571; Comitê Central do Partido Comunista da China, *14th Five-Year Plan for Economic and Social Development and 2035 Vision Goals*, março de 2021; Xi Jinping, "Strive to Become the World's Major Scientific Center and Innovation Highland", discurso na Conferência Acadêmica da Academia Chinesa de Ciências e da Academia Chinesa de Engenharia, 28 de maio de 2018, em *Qiushi*, março de 2021; Comissão Europeia, *White Paper on Artificial Intelligence: A European Approach to Excellence and Trust*, março de 2020.

16. Ver, por exemplo, DoDD 3000.09, "Autonomy in Weapon Systems", rev. em 8 de maio de 2017, https://www.esd.whs.mil/portals/54/documents/dd/issuances/dodd/300009p.pdf.

17. Ver, por exemplo, Schmidt, Work, et al., *Final Report*, v. 10, p. 91–101; Departamento de Defesa, "DOD Adopts Ethical Principles for Artificial Intelligence", 24 de fevereiro de 2020, https://www.defense.gov/Newsroom/Releases/Release/Article/2091996/dod-adopts-ethical-principles-for-artificial-intelligence; Conselho de Inovação em Defesa, "AI Principles: Recommendations on the Ethical Use of Artificial Intelligence by the Department of Defense", https://admin.govexec.com/media/dib_ai_principles_-_supporting_document_-_embargoed_copy_(oct_2019).pdf.

18. Ver, por exemplo, Schmidt, Work, et al., *Final Report*, 9, p. 278–282.

19. Scharre, *Army of None*, p. 226–228.

20. Ver, por exemplo, Serviço de Pesquisa do Congresso, "Defense Primer:U.S. Policy on Lethal Autonomous Weapon Systems", atualizado em 1 de dezembro de 2020, https://crsreports.congress.gov/product/pdf/IF/IF11150; DoDD 3000.09, § 4(a); Schmidt, Work, et al., *Final Report*, p. 92–93.
21. Versões desses conceitos foram inicialmente exploradas em William J. Perry, Henry A. Kissinger e Sam Nunn, "Building on George Shultz's Vision of a World Without Nukes", *Wall Street Journal*, 23 de maio de 2021, https://www.wsj.com/articles/building-on-george-shultzs-vision-of-a-world-withoutnukes-11616537900.

CAPÍTULO 6

1. David Autor, David Mindell e Elisabeth Reynolds, "The Work of the Future: Building Better Jobs in an Age of Intelligent Machines," MIT Task Force on the Work of the Future, 17 de novembro de 2020, https://workofthefuture.mit.edu/research post/the-work-of-the-future-building-better-jobs-in-an--age-of-intelligent-machines.
2. "AlphaFold: A Solution to a 50-Year-Old Grand Challenge in Biology", bolg da DeepMind, 30 de novembro de 2020, https://deepmind.com/blog/article/alphafold-a-solution-to-a-50-year-old-grand-challenge-in-biology.
3. Ver Walter Lippmann, *Public Opinion* (Nova York: Harcourt, Brace and Company, 1922), p. 11. [Obra disponível em português com o título *Opinião Púbica*.]
4. Robert Post, "Participatory Democracy and Free Speech", *Virginia Law Review* 97, n. 3 (maio de 2011), p. 477–478.
5. Comissão Europeia, "A European Approach to Artificial Intelligence", https://digital-strategy.ec.europa.eu/en/policies/european-approach-artificial-intelligence.
6. Autor, Mindell e Reynolds, "The Work of the Future".
7. Eric Schmidt, Robert Work et al. *Final Report: National Security Commission on Artificial Intelligence*, março de 2021, https://www.nscai.gov/2021-final-report.
8. Frank Wilczek, *Fundamentals: Ten Keys to Reality* (Nova York: Penguin Press, 2021), p. 205.

CAPÍTULO 7

1. J. M. Roberts, *History of the World* (Nova York: Oxford University Press, 1993), p. 431–432. [Obra disponível em português com o título *História do Mundo*.]

2. Immanuel Kant, *Critique of Pure Reason*, tradução de Paul Guyer e Allen W. Wood, edição de Cambridge das obras de Immanuel Kant (Cambridge, UK: Cambridge University Press, 1998), p. 99. [Obra disponível em português com o título *Crítica da Razão Pura*.]

ÍNDICE

F

G

H

I

O

P

Q

R

S

T

V

W

Y

ROTAPLAN
GRÁFICA E EDITORA LTDA
Rua Álvaro Seixas, 165
Engenho Novo - Rio de Janeiro
Tels.: (21) 2201-2089 / 8898
E-mail: rotaplanrio@gmail.com